La Mécanique du Changement Africain

Pensée systémique, pédagogie du geste et leviers de transformation

Édition : Autoédition – Chahine Mahfoudh
Date de publication : 2025

Table des Matières

Pourquoi ce Manuscrit ?

À l'ère où l'évolution technologique suit une courbe exponentielle et où l'intelligence artificielle et la robotique redéfinissent les modes de production et d'apprentissage, l'Afrique se trouve à un carrefour historique. Le monde accélère, mais le continent, lui, avance à plusieurs vitesses, entre modernité numérique vibrante et traditions vivaces, entre économie formelle embryonnaire et secteur informel omniprésent. Si chaque nation africaine, chaque territoire même, vit ces transitions à sa manière et à son rythme, des défis communs, des dynamiques similaires et des logiques transversales émergent. C'est dans cet entre-deux, riche de tensions et de potentiels, que se joue l'avenir de centaines de millions de personnes.

Première idée-force : si la révolution industrielle a mécanisé le travail manuel, la révolution numérique est en train de dématérialiser le cognitif. Pourtant, l'Afrique peine encore à industrialiser (et surtout à mécaniser de manière inclusive) ses filières traditionnelles, alors même que sa population active est l'une des moins rémunérées au monde. Le risque est double : être à la traîne sans avoir profité des bénéfices de l'industrialisation, tout en subissant les contrecoups d'une automatisation importée et peu adaptée.

Deuxième conviction : le geste, lui, ne mourra pas. Aucune machine, aussi sophistiquée soit-elle, ne remplacera entièrement l'intelligence de la main, l'expertise du regard, la justesse du geste. L'IA peut faire tourner une roue, optimiser un processus, voire concevoir un prototype, mais elle ne réparera jamais une fuite de liquide de frein, ne soudera pas avec intuition, ne sculptera pas avec âme. La technique évolue, mais le geste reste au cœur de l'humain et du travail. Il est porteur de dignité, de sens, et surtout d'employabilité.

Troisième constat : la pensée systémique fait cruellement défaut dans l'élaboration des politiques africaines. On pense en silos, on agit en urgence, on planifie sans anticiper les effets de bord. Or, le développement est un système complexe : une réforme éducative impacte le marché du travail, une politique industrielle modifie les équilibres régionaux, une innovation technologique bouleverse les structures sociales. Sans vision systémique, point de changement durable.

Quatrième credo : nul – ni la technologie, ni les modèles importés, ni les partenaires internationaux – ne peut remplacer une formation professionnelle inclusive, ancrée dans les réalités locales, valorisant les savoir-faire existants et ouverte aux innovations nécessaires. C'est le socle. Sans compétences, pas de productivité ; sans productivité, pas de valeur ajoutée ; sans valeur ajoutée, pas de développement.

C'est pour répondre à ces défis que ce manuscrit a été conçu. "*La Mécanique du Changement Africain*" ne propose pas une énième théorie du développement, mais une grille de lecture opérationnelle qui invite à penser le changement comme une mécanique fine, croisant pensée complexe et pédagogie du geste, analyse systémique et ancrage territorial.

***

Voici un ouvrage à l'intention des décideurs, entrepreneurs, formateurs et acteurs de terrain qui osent affirmer que l'Afrique n'a pas à choisir entre tradition et modernité, entre informel et formel, entre vitesse et stabilité.

Elle en a la capacité, et le devoir, d'inventer sa propre voie.

Cette voie commence par revaloriser l'intelligence de la main, former avec justesse et gouverner avec lucidité.

Bienvenue dans une réflexion exigeante et résolument optimiste pour qui veut agir concrètement.

Bienvenue dans la mécanique du changement africain.

L'auteur

INTRODUCTION :

Le constat : Un continent à la croisée des chemins

L'Afrique, avec ses multiples visages et ses histoires entrelacées, se révèle être un continent au carrefour de nombreux héritages historiques et blocages structurels qui influencent profondément son développement actuel. Ces héritages, loin d'êtres de simples vestiges du passé, continuent de façonner les dynamiques contemporaines et le futur du continent.

Une des marques les plus visibles de cette histoire est l'héritage colonial, qui a laissé un réseau complexe de frontières artificielles. Ces lignes, tracées sans égard aux réalités ethniques et culturelles, ont fragmenté des peuples et créé des États multi-ethniques souvent fragiles. Ces frontières, loin d'être de simples démarcations géographiques, sont des foyers de tensions et de conflits potentiels, exacerbant les difficultés d'intégration régionale. La gestion de cette complexité est cruciale pour favoriser la cohésion et la paix, en respectant les identités tout en promouvant l'unité nationale et régionale.

À cela s'ajoute la dépendance économique héritée de la période coloniale, où de nombreuses économies africaines ont été configurées pour servir les métropoles coloniales en tant que pourvoyeuses de matières premières. Cette spécialisation économique forcée a laissé un lourd héritage de dépendance, rendant les économies vulnérables aux fluctuations des prix des matières premières sur le marché mondial. La diversification économique est donc essentielle pour briser ce cycle de dépendance et renforcer la résilience économique du continent.

Les institutions, souvent calquées sur des modèles occidentaux, ont également du mal à s'adapter aux réalités africaines. La faiblesse de l'État de droit, la corruption, et la centralisation excessive du pouvoir sont des freins majeurs au développement. Ici, la plasticité des sociétés africaines, leur capacité à s'adapter et à se transformer, peut être un atout majeur. En renforçant les institutions par des processus participatifs et adaptés aux contextes locaux, il est possible de construire des structures solides et légitimes qui servent les citoyens.

Aussi, les dynamiques démographiques et l'urbanisation rapide posent des défis supplémentaires. L'Afrique connaît une croissance démographique rapide, entraînant une urbanisation galopante qui exerce une pression sur les infrastructures et les services. La gestion de cette transformation est cruciale pour assurer un développement durable et inclusif.

Ainsi, l'histoire africaine n'est pas un simple fardeau, mais un ensemble de défis à relever et d'opportunités à saisir. En comprenant et en intégrant ces héritages, l'Afrique peut non seulement surmonter les obstacles, mais aussi transformer ces défis en leviers de développement. L'adoption d'une approche systémique, qui respecte les rythmes sociaux et culturels tout en promouvant une modernisation équilibrée, est essentielle pour garantir une transformation durable et harmonieuse du continent.

Le problème : Dépasser les choix binaires pour une mécanique sociale cohérente

Dans ce contexte complexe, l'enjeu majeur ne réside pas dans un choix binaire entre l'ancien et le nouveau ou formel et informel, mais plutôt dans la conception d'une mécanique sociale intrinsèquement cohérente. Il s'agit de trouver un équilibre délicat : stabiliser les structures sans les figer dans l'immobilisme, accélérer les processus de développement sans provoquer de ruptures irréversibles, et intégrer les innovations sans dissoudre l'identité culturelle et sociale propre à chaque nation africaine.

Cette recherche d'équilibre exige de repenser nos cadres d'analyse traditionnels. Les approches linéaires et sectorielles montrent leurs limites face à la complexité des défis africains. Il faut une nouvelle grille de lecture capable de saisir les interdépendances, d'anticiper les effets de seuil et de transformer les résistances apparentes en leviers de développement.

La solution proposée : Allier pensée systémique et pédagogie du geste

La thèse centrale de cet ouvrage repose sur une proposition audacieuse : conjuguer la pensée systémique avec la pédagogie du geste. La pensée systémique, avec ses concepts de boucles de rétroaction, de complexité inhérente et d'interdépendances multiples, offre un cadre d'analyse permettant de comprendre les dynamiques profondes à l'œuvre.

Elle est complétée par la pédagogie du geste, incarnée par la Méthode CORPS – un cadre structuré pour capitaliser sur l'intelligence pratique et l'expertise de terrain, transformant les savoirs informels en compétences formalisées et transférables. Cette méthode vise à réguler la vitesse du changement, à transformer l'inertie en un puissant levier de progrès, et à convertir la plasticité sociale, cette capacité intrinsèque des sociétés à se déformer sans se rompre, en une résilience créatrice.

Cette approche intégrée permet d'aborder les défis africains non pas comme des obstacles insurmontables, mais comme des opportunités de transformation. Elle reconnaît que le développement ne peut être imposé de l'extérieur mais doit émaner des capacités endogènes, être nourri par les savoirs locaux et s'appuyer sur les dynamiques sociales existantes.

Le cadre d'analyse : Les métaphores mécaniques comme grille de lecture

L'articulation de métaphores mécaniques est plus qu'une simple figure de style ; elle constitue notre grille d'analyse heuristique pour comprendre et agir sur la complexité africaine :

La statique nous aide à comprendre les équilibres fragiles des sociétés africaines, où des forces opposées (tradition et modernité, formel et informel, centralisation et décentralisation) coexistent dans une tension productive. Ces équilibres ne sont pas figés mais dynamiques, nécessitant une attention constante pour éviter les ruptures.

La dynamique nous invite à identifier les forces motrices qui poussent au changement, qu'elles soient démographiques (la jeunesse africaine), technologiques (la révolution mobile) ou entrepreneuriales (l'émergence d'écosystèmes d'innovation). Ces forces génèrent des mouvements qu'il faut savoir canaliser.

L'inertie n'est plus perçue comme un défaut mais comme une force à comprendre et à canaliser. C'est la résistance naturelle des systèmes traditionnels, une réserve d'énergie potentielle qui, une fois mobilisée intelligemment, peut devenir un puissant moteur de transformation respectueuse des identités locales.

Le moment cinétique illustre comment la mobilisation d'une masse critique d'acteurs, combinée à une vitesse de changement appropriée, peut générer une impulsion irréversible. C'est l'art de créer des coalitions transformatrices capables de porter le changement dans la durée.

La plasticité souligne la capacité d'adaptation remarquable des sociétés africaines, leur aptitude à se transformer sans se briser, à intégrer le nouveau tout en préservant leur essence. Cette plasticité est un atout majeur dans un monde en mutation rapide.

La méta-mécanique représente l'art de la gouvernance adaptative, la capacité à orchestrer ces forces complexes pour atteindre un objectif commun, en gérant les tensions, en optimisant les interactions et en maintenant la cohésion du système.

Pour qui et pour quoi faire : Un cadre opérationnel pour les acteurs de terrain

Ce manuscrit ne propose pas des théories désincarnées mais des solutions actionnables. Il s'adresse aux décideurs politiques, aux entrepreneurs, aux éducateurs, aux leaders communautaires et aux partenaires au développement, avec l'ambition de les outiller pour qu'ils puissent former des coalitions d'acteurs capables d'orchestrer une transformation inclusive et durable.

L'intégration de politiques publiques concrètes est fondamentale. La formation emploi doit être repensée pour garantir l'adéquation entre les compétences acquises et les besoins du marché du travail, en mettant l'accent sur les métiers porteurs et les filières d'avenir. Le soutien à l'entrepreneuriat doit aller au-delà des incitations financières pour inclure l'accompagnement, le mentorat et l'accès à des écosystèmes favorables. L'intégration régionale implique la libre circulation des personnes, l'harmonisation des normes et la mutualisation des infrastructures. La gouvernance adaptative est la capacité des États à être agiles, à écouter les signaux faibles, à expérimenter et à ajuster leurs politiques en fonction des retours du terrain.

Les études de cas africains et les comparaisons internationales éclairent le chemin à parcourir. Chaque succès, chaque échec sur le continent constitue une leçon précieuse. Analyser les trajectoires du Rwanda, du Sénégal, du Maroc ou de l'Éthiopie, c'est comprendre comment des contextes spécifiques ont généré des solutions innovantes. Les comparaisons internationales permettent de distinguer les principes universels de développement des spécificités culturelles, d'identifier ce qui est transférable et ce qui doit rester profondément contextualisé.

Cette démarche comparative est essentielle pour éviter les écueils de l'importation aveugle de modèles et pour favoriser l'émergence de solutions africaines, par l'Afrique et pour l'Afrique.

L'ambition ultime de ce manuscrit est d'offrir un cadre holistique et opérationnel pour une transformation qui ne laisse personne de côté, qui valorise les savoirs locaux, qui intègre les innovations technologiques et qui construit un avenir prospère pour le continent.

Stabilité vivante : L'équilibre n'est pas statique, mais dynamique, constamment maintenu par des boucles de rétroaction et un ajustement fin des vitesses de transformation. Il s'agit d'une recherche perpétuelle d'harmonie au sein du mouvement.

Vitesse compatible : L'accélération des processus de développement doit impérativement respecter la capacité d'absorption des sociétés, tant sur le plan social et culturel que productif. Une transformation trop rapide risquerait de générer des frictions et des résistances.

Pédagogie du geste : La compétence incarnée, celle qui s'acquiert par la pratique et l'expérience directe, constitue un socle fondamental pour l'employabilité, la garantie de la qualité et la préservation de la dignité dans les métiers. Elle est le cœur de la Méthode CORPS.

Il s'agit de passer d'une vision fragmentée à une approche intégrée, où chaque action contribue à un objectif commun : libérer le potentiel immense de l'Afrique et de ses populations.

Cette transformation doit être endogène, inclusive et durable. Elle doit s'appuyer sur les forces vives du continent tout en intégrant les meilleures pratiques mondiales. Elle doit respecter la diversité culturelle tout en créant une cohérence d'ensemble. Elle doit être suffisamment flexible pour s'adapter aux spécificités locales tout en maintenant une vision d'ensemble cohérente.

PARTIE I – LE DIAGNOSTIC

Chapitre 1 – Héritages historiques et blocages structurels

L'Afrique contemporaine est un continent dont la trajectoire est profondément marquée par des héritages historiques et des blocages structurels qui continuent de façonner ses dynamiques de développement. Ces éléments, souvent imbriqués, créent une inertie organisationnelle qui, bien que complexe, peut être comprise comme une réserve d'énergie potentielle à canaliser plutôt qu'un simple obstacle. La métaphore de la statique, où l'équilibre des forces est essentiel pour stabiliser un corps social, est particulièrement pertinente ici. Les réformes économiques et éducatives, bien que nécessaires, peuvent perturber des arrangements implicites qui, paradoxalement, assurent une cohésion minimale. L'art de la transformation réside alors dans la capacité à déplacer le centre de gravité sans provoquer l'effondrement de l'édifice social.

L'Afrique, ce continent aux mille visages, porte en elle les strates d'une histoire complexe, où les héritages coloniaux se mêlent aux dynamiques endogènes, créant un tissu social et économique d'une richesse inouïe, mais aussi d'une fragilité certaine. Les frontières tracées à la règle, les systèmes administratifs importés, l'économie duale – formelle et informelle – sont autant de marques qui continuent de structurer les trajectoires de développement. Ces éléments, loin d'être de simples reliques du passé, agissent comme des "boucles de rétroaction" qui créent des dynamiques imprévisibles et non linéaires, des défis constants à la transformation. La pensée complexe d'Edgar Morin nous invite à ne pas simplifier cette réalité, mais à l'embrasser dans toute sa multi-dimensionnalisé, à comprendre que les blocages ne sont pas de simples obstacles, mais des composantes d'un système en perpétuel mouvement.

Un des aspects les plus saillants de cet héritage est le dualisme productif et le marché du travail. Le secteur informel, loin d'être un simple frein, agit comme un filet de sécurité essentiel et un espace d'innovation frugale. Il amortit les chocs économiques, diffuse des savoir-faire et réagit avec agilité aux opportunités locales, constituant ainsi un système d'ajustement macrosocial vital. Cependant, cette dualité pose des défis en termes de formalisation, d'accès aux financements et de protection sociale pour une large part de la population active. Imaginez un marché grouillant de vie, où chaque étal est une micro-entreprise, chaque transaction une négociation, chaque geste une compétence acquise sur le tas. C'est un lieu vibrant, bruyant, rempli de gestes précis et de relations humaines complexes, où la débrouillardise et l'adaptabilité sont les maîtres mots. Cet informel amortit les chocs économiques, diffuse des savoir-faire ancestraux et modernes, et réagit avec une agilité déconcertante aux opportunités locales. Il est le reflet d'une résilience créatrice, une capacité à générer de la valeur et de l'emploi là où les structures formelles peinent à le faire. Cependant, cette vitalité s'accompagne de défis majeurs : l'absence de protection sociale, l'accès limité au financement formel, la précarité des revenus. La question n'est donc pas de l'éradiquer, mais de le comprendre, de le valoriser et de créer des passerelles vers la formalisation, sans lui ôter sa flexibilité et sa capacité d'innovation.

Les déficits d'infrastructures et d'interconnexions représentent un autre blocage majeur. Qu'il s'agisse de la logistique, de l'énergie ou des données, le manque d'infrastructures adéquates entrave la productivité, limite l'intégration des marchés et freine l'accès aux services essentiels. Ces lacunes créent des goulets d'étranglement qui ralentissent la circulation des biens, des personnes et de l'information, affectant directement la compétitivité et le potentiel de croissance. La "masse" de ces infrastructures manquantes, cette lourdeur administrative et financière pour les construire, est un poids considérable. L'accélération du développement passe inévitablement par un investissement massif et stratégique dans ces domaines, mais aussi par des solutions innovantes et frugales, adaptées aux réalités locales, comme les mini-réseaux solaires ou les routes en terre améliorées.

Les dépendances financières et la vulnérabilité externe constituent également un héritage lourd. Les économies africaines sont souvent exposées aux chocs des termes de l'échange, aux fluctuations des prix des matières premières, à l'endettement et à la volatilité des flux de capitaux. Cette dépendance limite la marge de manœuvre des gouvernements pour mettre en œuvre des politiques autonomes et durables, rendant le continent particulièrement sensible aux turbulences économiques mondiales. La rigidité des cursus de formation, qui ne s'adaptent pas toujours aux besoins du marché du travail, contribue également à cette vulnérabilité, en créant un décalage entre les compétences disponibles et les emplois nécessaires. Il est impératif de diversifier les économies, de renforcer les chaînes de valeur régionales et de développer des mécanismes de financement endogènes pour réduire cette dépendance.

Enfin, les capacités administratives et la qualité d'exécution des politiques sont des facteurs déterminants. Des systèmes administratifs hérités, parfois rigides et inefficaces, peuvent entraver la mise en œuvre des réformes et la prestation des services publics. Le poids des habitudes culturelles, la résistance au changement, peuvent rendre difficile l'adoption de nouvelles pratiques. L'amélioration de ces capacités est cruciale pour traduire les intentions politiques en actions concrètes et pour assurer une gouvernance efficace et réactive. Cela passe par la formation des fonctionnaires, la numérisation des services, mais aussi par un changement de mentalité, une culture de la performance et de la redevabilité. La "méta-mécanique" de la gouvernance, c'est l'art de gérer cette complexité non maîtrisée, de faire dialoguer les concepts de Morin et la mécanique pour orienter le changement, en transformant l'inertie en une force propulsive.

Mythes et réalités de l'informel

Mythe : L'informel est un frein pur au développement économique. Il est souvent perçu comme un secteur non régulé, non productif et source d'évasion fiscale.

Réalité : C'est un système d'ajustement macrosocial qui amortit les crises économiques en offrant des opportunités de subsistance à une large partie de la population. Il diffuse des savoir-faire traditionnels et innovants, et réagit avec une grande agilité aux opportunités locales, démontrant une capacité d'adaptation et de résilience souvent sous-estimée. L'informel est un laboratoire d'innovation frugale et un incubateur de micro-entreprises, bien que souvent confronté à des défis en termes de croissance et de formalisation.

La clé de ce chapitre réside dans la reconnaissance de l'inertie non pas comme un simple obstacle, mais comme une réserve d'énergie potentielle. En comprenant les mécanismes sous-jacents à ces blocages structurels, il devient possible de les transformer en leviers pour un changement maîtrisé et durable. L'objectif n'est pas de nier les défis, mais de les analyser sous un angle nouveau, en cherchant les opportunités de transformation au sein même des contraintes. C'est une invitation à une "résilience créatrice", à ne pas subir les contraintes, mais à les utiliser comme des catalyseurs pour inventer de nouvelles formes sociales, économiques et artistiques. C'est la capacité des sociétés africaines à se réinventer, à puiser dans leurs propres ressources pour construire un avenir qui leur ressemble.

Chapitre 2 – Le poids des institutions et de la gouvernance

Les institutions constituent le châssis fondamental de la mécanique sociale, définissant le cadre dans lequel les forces du changement opèrent. Elles encadrent les incitations, garantissent la sécurité juridique et orchestrent l'allocation des ressources. Une gouvernance adaptative, capable d'observer, d'anticiper et d'ajuster ses actions, est l'équivalent de l'ingénierie de contrôle dans un système en mouvement. Elle permet de maintenir la stabilité tout en favorisant l'évolution.

Les institutions, ces architectures invisibles qui structurent la vie collective, sont le véritable châssis de la mécanique sociale. Elles définissent les règles du jeu, encadrent les incitations, garantissent la sécurité juridique et orchestrent l'allocation des ressources. Mais une institution n'est pas une entité figée ; elle est un organisme vivant, en perpétuelle interaction avec son environnement. La gouvernance adaptative, cette capacité à observer, anticiper et ajuster ses actions, est l'équivalent de l'ingénierie de contrôle dans un système en mouvement. Elle permet de maintenir la stabilité tout en favorisant l'évolution, de naviguer dans la complexité sans sombrer dans le chaos. La pensée complexe d'Edgar Morin nous éclaire ici : l'inertie institutionnelle est souvent le résultat d'une complexité non maîtrisée, d'une incapacité à embrasser les boucles de rétroaction et les dynamiques non linéaires.

Plusieurs clés pratiques sont essentielles pour renforcer le poids positif des institutions et améliorer la gouvernance en Afrique, transformant ainsi la rigidité en flexibilité, la lourdeur en agilité :

Décentralisation capacitaire : Il s'agit de rapprocher les décisions des besoins réels des populations, en dotant les niveaux locaux d'une ingénierie solide et de financements adéquats. Une décentralisation effective permet une meilleure réactivité et une adaptation plus fine aux spécificités territoriales, favorisant ainsi l'émergence de solutions endogènes. Il ne s'agit pas seulement de transférer des compétences aux niveaux locaux, mais de les doter des moyens humains, techniques et financiers nécessaires pour les exercer pleinement. Rapprocher les décisions des besoins réels des populations, c'est reconnaître la diversité des réalités africaines et permettre l'émergence de solutions endogènes, adaptées aux spécificités territoriales. C'est aussi un moyen de renforcer la participation citoyenne et la redevabilité, en rendant les élus et les administrations plus accessibles et plus responsables devant leurs communautés. Un exemple pourrait être la mise en place de budgets participatifs locaux, où les citoyens décident directement de l'affectation d'une partie des fonds publics, renforçant ainsi le lien entre gouvernants et gouvernés.

Régulation intelligente : La mise en place de normes claires, de guichets administratifs simplifiés et la reconnaissance progressive des micro-entreprises et des métiers informels sont cruciales. Une régulation intelligente ne cherche pas à contraindre, mais à accompagner la formalisation et à faciliter l'intégration des acteurs économiques, en particulier ceux du secteur informel, dans le tissu économique formel. C'est une invitation à la fluidité, à la simplification des processus qui, trop souvent, créent des barrières à l'entrée et favorisent l'économie souterraine. L'anecdote d'un jeune entrepreneur qui, grâce à un guichet unique, a pu enregistrer son entreprise en quelques jours au lieu de plusieurs mois, illustre la puissance de cette simplification. Cela permet non seulement de générer des revenus fiscaux, mais aussi d'offrir une protection juridique et sociale à des millions de travailleurs.

Transparence et redevabilité : L'établissement de boucles de rétroaction citoyennes, la promotion des données ouvertes et la mesure de la performance publique sont des piliers d'une gouvernance saine. La transparence renforce la confiance entre les citoyens et l'État, tandis que la redevabilité assure que les actions publiques sont alignées sur les attentes et les besoins de la population. L'accès à l'information permet aux citoyens de jouer leur rôle de "sujet-acteur" du développement, de ne plus être de simples objets passifs des politiques publiques. Des plateformes numériques où les citoyens peuvent signaler des dysfonctionnements, suivre l'avancement des projets ou consulter les dépenses publiques, sont des outils puissants pour renforcer cette transparence et cette redevabilité.

Partenariats public-privé à impact : Il est impératif d'aligner les intérêts des secteurs public et privé pour générer des externalités positives. La contractualisation de la qualité et de l'emploi dans le cadre de ces partenariats permet de maximiser les bénéfices pour la société, en favorisant le développement économique et social de manière inclusive. Ces partenariats ne doivent pas être de simples opportunités d'affaires, mais des instruments au service du bien commun, avec des objectifs sociaux et environnementaux clairs. Par exemple, un partenariat pour la construction d'une infrastructure pourrait inclure des clauses sur la formation et l'emploi de la main-d'œuvre locale, ou sur l'utilisation de matériaux durables.

En somme, le poids des institutions et de la gouvernance en Afrique n'est pas une fatalité, mais un défi à relever. En adoptant une approche complexe et adaptative, en valorisant la décentralisation, la régulation intelligente, la transparence et les partenariats à impact, il est possible de transformer ces structures en leviers puissants pour un changement durable et inclusif. Il s'agit de construire des institutions qui ne sont pas de simples réceptacles de pouvoir, mais des catalyseurs de développement, des facilitateurs de l'action collective, et des garants de la dignité de chaque citoyen. C'est un processus continu, une quête permanente d'équilibre et d'efficacité, où chaque ajustement, chaque apprentissage, contribue à affiner la mécanique du

Boucles de rétroaction en politique publique

Concevoir - Piloter - Mesurer - Ajuster

Ce cycle itératif est au cœur de la gouvernance adaptative. La stabilité et l'efficacité des politiques publiques ne proviennent pas d'un plan figé, mais d'un processus d'apprentissage continu. En concevant des politiques, en les pilotant, en mesurant leurs impacts et en les ajustant en fonction des résultats, les institutions peuvent évoluer et s'adapter aux réalités changeantes, garantissant ainsi une pertinence et une efficacité accrues. C'est une danse constante entre l'intention et la réalité, où l'humilité et la capacité à remettre en question ses propres actions sont des qualités essentielles pour les décideurs. C'est aussi une illustration de la "mécanique des milieux continus" : une réforme est une pression appliquée à un tissu social, et ses effets se propagent, nécessitant des ajustements constants pour maintenir l'équilibre et

changement africain.

Chapitre 3 – Dynamiques sociales et culturelles du changement

Toute réforme, qu'elle soit économique, politique ou éducative, interagit inévitablement avec les valeurs, les normes et les identités culturelles d'une société. Le capital social, défini par la confiance, la réciprocité et la densité des réseaux, peut soit accélérer l'adoption de ces réformes, soit au contraire en freiner la progression. La notion de

« stabilité vivante » implique d'embrasser la complexité inhérente à ces dynamiques : il s'agit de laisser circuler librement l'information, d'être attentif aux signaux faibles émanant de la société et d'intégrer les savoirs locaux dans les processus de décision. Cette approche permet de construire un changement qui soit non seulement efficace, mais aussi socialement accepté et durable.

Toute réforme, qu'elle soit économique, politique ou éducative, ne se déploie pas dans un vide social. Elle interagit inévitablement avec les valeurs, les normes et les identités culturelles d'une société, tel un courant qui rencontre des rochers ancestraux. Le capital social – cette richesse invisible faite de confiance, de réciprocité et de densité des réseaux – peut soit devenir un vent porteur qui accélère l'adoption de ces réformes, soit au contraire un mur invisible qui en freine la progression. La notion de « stabilité vivante » implique d'embrasser la complexité inhérente à ces dynamiques, de ne pas chercher à les simplifier, mais à les comprendre dans leur profondeur Edgardienne : il s'agit de laisser circuler librement l'information, d'être attentif aux signaux faibles émanant de la société, ces murmures qui précèdent parfois les tempêtes, et d'intégrer les savoirs locaux dans les processus de décision. Cette approche permet de construire un changement qui soit non seulement efficace, mais aussi socialement accepté et durable, un changement qui ne se contente pas de transformer les structures, mais qui respecte l'âme des peuples.

Plusieurs points d'attention sont cruciaux pour naviguer ces dynamiques sociales et culturelles, transformant les résistances potentielles en forces vives :

Acceptabilité sociale : Il est fondamental d'associer les communautés concernées dès les premières phases de conception des projets et des réformes. Une approche participative garantit que les solutions proposées sont en adéquation avec les besoins et les aspirations des populations, réduisant ainsi les résistances et favorisant l'appropriation collective du changement. C'est ici que le concept de "sujet-objet" d'Edgar Morin prend tout son sens : les populations ne sont pas de simples objets passifs des politiques publiques, mais des sujets actifs, des co-créateurs de leur propre destin. Ignorer cette dimension, c'est risquer de voir les plus belles réformes se heurter à l'inertie des habitudes et des croyances, comme une machine sans carburant.

Rituels, métiers, symboliques : Les sociétés sont riches de rituels, de métiers traditionnels et de symboles qui portent un sens profond et structurent l'identité collective. L'enjeu est de passer d'un potentiel conflit identitaire, où les réformes seraient perçues comme une menace, à un dialogue utilitariste. Il s'agit de montrer comment l'amélioration des conditions de vie et le progrès peuvent coexister avec la préservation de l'âme culturelle et des pratiques ancestrales. Par exemple, la modernisation de l'agriculture ne doit pas anéantir les savoir-faire ancestraux, mais les augmenter, les enrichir de nouvelles techniques. C'est une question de "méta-mécanique" : l'art de gérer les interactions entre des forces qui semblent antagonistes, mais qui peuvent devenir complémentaires si elles sont bien orchestrées. C'est la capacité à faire dialoguer le passé et le futur, la tradition et l'innovation, sans que l'un n'écrase l'autre.

Jeunesses multiples : Le continent africain est caractérisé par une démographie jeune et diverse. Les aspirations des jeunes urbains, souvent tournés vers le numérique et l'innovation, peuvent différer de celles des jeunes ruraux, plus ancrés dans les traditions. Il existe également des trajectoires hybrides, où les jeunes naviguent entre ces deux mondes. Comprendre cette multiplicité est essentiel pour concevoir des politiques inclusives qui répondent aux besoins variés de cette force vive. Cette multiplicité est essentielle pour concevoir des politiques inclusives qui répondent aux besoins variés de cette force vive. C'est une question de "plasticité" : la capacité d'un système à se déformer, à s'adapter aux nouvelles réalités sans se briser. L'anecdote d'un jeune rappeur qui, en utilisant les réseaux sociaux, a pu mobiliser sa communauté pour un projet de développement local, illustre la puissance de cette jeunesse connectée.

Diasporas et transferts invisibles : Les diasporas africaines jouent un rôle de plus en plus important, non seulement par les transferts financiers, mais aussi par des « transferts invisibles » de compétences, de standards de qualité, de méthodes de travail et de réseaux. Ces apports immatériels sont des catalyseurs de changement, favorisant l'innovation et le développement sur le continent. Ces transferts, souvent sous-estimés, sont un véritable "moment cinétique" pour le développement, une masse de savoir-faire et de capital social qui, si elle est bien canalisée, peut générer une accélération significative. L'exemple d'un médecin de la diaspora qui, en revenant dans son pays d'origine, a pu moderniser un hôpital et former des dizaines de jeunes médecins, illustre la puissance de ces transferts invisibles.

En conclusion, La cohésion sociale dans le processus de changement repose sur un équilibre subtil entre la préservation des traditions et l'ouverture aux innovations, où maîtriser le rythme des transformations est essentiel pour éviter les divisions et favoriser l'unité. Il s'agit d'un ajustement continu, respectant les spécificités culturelles, qui permet de rendre le changement à la fois efficace et socialement accepté.

PARTIE II – LES LEVIERS INTERNES

Après avoir exploré les héritages et contraintes qui façonnent le continent africain, nous nous tournons vers les forces endogènes capables de propulser sa transformation.

Cette partie examine trois leviers internes fondamentaux : l'éducation et la formation comme moteur d'ajustement social, l'entrepreneuriat comme catalyseur d'innovation, et enfin les acteurs de changement que sont les femmes, les jeunes et les diasporas. Ces leviers, interconnectés par essence, forment l'épine dorsale de toute stratégie de développement durable

Chapitre 4 – Éducation, formation et capital humain

L'éducation et la formation constituent le moteur essentiel d'ajustement entre la vitesse du progrès technologique et économique et la capacité d'absorption sociale. Dans un monde en constante mutation, la pertinence des compétences acquises est primordiale. L'approche par compétences, la didactique professionnelle et la taxonomie psychomotrice convergent pour placer le geste au centre d'un apprentissage durable et incarné. C'est dans ce cadre que la Méthode CORPS prend toute sa signification, offrant une pédagogie innovante pour les métiers manuels et techniques.

L'éducation et la formation ne sont pas de simples rouages dans la machine du développement ; elles en sont le moteur essentiel, le carburant qui ajuste la vitesse du progrès technologique et économique à la capacité d'absorption sociale. Dans un monde en constante mutation, où les compétences d'aujourd'hui peuvent devenir obsolètes demain, la pertinence des savoirs acquis est primordiale. L'approche par compétences, la didactique professionnelle et la taxonomie psychomotrice convergent pour placer le geste au centre d'un apprentissage durable et incarné. C'est dans ce cadre que la Méthode CORPS prend toute sa signification, offrant une pédagogie innovante pour les métiers manuels et techniques, une véritable révolution dans la manière d'apprendre et de transmettre les savoir-faire.

La Méthode CORPS : Une Symphonie du Geste et de l'Esprit

La Méthode CORPS (Compétences, Observation, Répétition, Pratique, Sensorialité) est une approche pédagogique conçue pour optimiser l'acquisition et le développement des savoir-faire complexes, notamment gestuels, au sein des programmes de formation professionnelle.

Une architecture conceptuelle pour l'émergence du savoir-faire : Dans l'atelier feutré où se conjuguent théorie et pratique, où la pensée rencontre le geste, la Méthode CORPS ne surgit pas du néant. Elle puise ses racines dans un terreau théorique riche et foisonnant, celui des sciences de l'éducation et de la psychologie cognitive, pour faire éclore une pédagogie résolument ancrée dans la réalité des métiers manuels. Cette architecture conceptuelle, loin d'être une simple juxtaposition d'influences, révèle une véritable alchimie pédagogique où chaque courant théorique nourrit et enrichit les autres, créant une synergie unique au service de l'intelligence gestuelle.

Au cœur de cette architecture théorique trône la taxonomie de Simpson (1972), véritable boussole de la progression psychomotrice. Cette hiérarchisation, telle une partition musicale à sept mouvements, orchestre l'ascension de l'apprenant depuis les premiers balbutiements sensoriels jusqu'aux sommets de la créativité gestuelle.

Perception : Le voyage commence par l'éveil des sens, cette sensorialité professionnelle qui transforme l'apprenant en lecteur attentif de son environnement de travail. L'œil apprend à distinguer les nuances de texture d'un bois, la main à évaluer la résistance d'un matériau, l'oreille à reconnaître la mélodie caractéristique d'un outil bien réglé. C'est dans cette première étape que se forge ce que nous appelons le "regard professionnel", cette capacité à saisir l'invisible, à entendre le silence des outils, à palper l'âme de la matière.

Disposition : La disposition transcende la simple préparation physique pour devenir une architecture de l'intention. L'apprenant ne se contente plus de positionner son corps ; il configure son être tout entier dans une dynamique d'action. C'est l'émergence de cette présence professionnelle, où chaque muscle, chaque nerf, chaque fibre de concentration se tend vers l'accomplissement du geste à venir. Le corps devient instrument, la pensée devient guide, et l'intention devient force motrice.

Réponse guidée : Sous l'œil bienveillant du maître ou dans l'écho des instructions précises, naît le geste professionnel. Cette étape, loin d'être une simple imitation, constitue le laboratoire de l'apprentissage, où chaque erreur devient enseignement, chaque hésitation devient questionnement. C'est dans cette phase que s'établit le dialogue pédagogique entre la théorie et la pratique, entre l'intention et la réalisation.

Mécanisme : L'automatisation du geste marque l'avènement de ce que les anciens appelaient la "mémoire des mains". Le mouvement, libéré des chaînes de la conscience immédiate, acquiert cette fluidité naturelle qui caractérise le professionnel accompli. C'est l'émergence de l'intelligence gestuelle autonome, où le corps dialogue directement avec la matière, sans médiation consciente.

Réponse complexe manifeste : La maîtrise se révèle dans la capacité à coordonner, à synchroniser, à harmoniser des gestes multiples en une symphonie productive. L'apprenant devient chef d'orchestre de ses propres mouvements, capable de gérer la complexité temporelle et spatiale des tâches professionnelles les plus exigeantes.

Adaptation : Face à l'imprévu, au nouveau, à l'inhabituel, émerge cette plasticité créatrice qui distingue le professionnel de l'exécutant. Le geste se déforme sans se dénaturer, s'adapte sans perdre son essence, évoluant dans cette zone de créativité contrôlée où l'innovation naît de la maîtrise.

Origination : Au sommet de cette pyramide conceptuelle, l'origination représente cette capacité rare à inventer le geste nouveau, à créer la solution inédite, à transcender les limites de l'existant pour ouvrir de nouveaux horizons techniques. C'est l'émergence du maître-innovateur, celui qui non seulement maîtrise l'héritage mais l'enrichit de sa propre créativité.

Quand l'apprentissage devient dialogue social : La pensée de Lev Vygotsky irrigue profondément la Méthode CORPS, apportant cette dimension socioconstructiviste qui fait de l'apprentissage non plus un acte solitaire mais une aventure collective. Dans cette perspective, le geste ne se transmet pas, il se co-construit dans l'interaction, il émerge du dialogue, il se révèle dans l'échange.

Au cœur de cette approche réside ce concept révolutionnaire de Zone de Développement Proximal, cet espace magique où l'impossible d'hier devient le possible d'aujourd'hui grâce à la médiation d'autrui. Dans nos ateliers, cette zone prend forme concrète : c'est l'espace qui sépare ce que l'apprenant-acteur peut réaliser seul de ce qu'il peut accomplir avec l'aide de son pair-observateur.

Cette médiation par les pairs révèle sa puissance car elle s'exerce dans un langage commun, celui de l'apprentissage partagé, sans la distance hiérarchique qui peut parfois inhiber l'expression.

Vygotsky nous enseigne que la parole n'est pas simple décoration de la pensée mais instrument de développement cognitif. Dans la Méthode CORPS, la verbalisation des gestes par l'observateur ("ton geste s'accélère", "ta posture se crispe") devient cet outil psychologique qui permet à l'acteur d'intérioriser progressivement les critères perfectionnistes.

Pour Vygotsky, tout apprentissage s'inscrit dans un tissu culturel qui lui donne sens et saveur. La Méthode CORPS honore cette vision en reconnaissant que chaque métier porte en lui une culture professionnelle faite de codes, de valeurs, de traditions qu'il convient non pas d'ignorer mais d'intégrer. L'atelier devient ainsi espace culturel où se transmettent non seulement des gestes mais aussi un esprit de métier, une éthique du travail bien fait.

La révolution de la cognition incarnée : Howard Gardner, par sa théorie des intelligences multiples, opère une véritable révolution copernicienne dans notre compréhension de l'intelligence humaine. En reconnaissant l'intelligence kinesthésique comme forme d'intelligence à part entière, il libère le geste de sa réduction à la simple exécution motrice pour l'élever au rang de cognition incarnée.

L'intelligence kinesthésique, selon Gardner, se manifeste par cette capacité extraordinaire à traiter l'information par le mouvement, à penser avec son corps, à mémoriser par l'action. Cette révolution conceptuelle trouve dans la Méthode CORPS son terrain d'application privilégié, transformant nos ateliers en laboratoires de l'intelligence corporelle.

Contrairement aux approches classiques qui privilégient la mémorisation cognitive, nous développons cette mémoire kinesthésique qui s'inscrit dans la chair, dans le muscle, dans la coordination. Cette mémoire particulière présente l'avantage remarquable de la durabilité : un geste bien appris par le corps résiste au temps, survit à l'oubli conceptuel, perdure dans l'intelligence des mains.

L'intelligence kinesthésique se nourrit de cette conversation permanente entre le corps et son environnement. Dans nos ateliers, nous systématisons cette écoute sensorielle à travers des exercices spécifiques : reconnaissance tactile, ajustement proprioceptif, calibrage de la force.

L'alchimie théorique au service de la pratique : Ces trois fondements théoriques ne coexistent pas dans la Méthode CORPS ; ils fusionnent dans une synthèse créatrice où chaque élément enrichit et potentialise les autres :

La taxonomie de Simpson fournit l'architecture de la progression, la carte routière qui guide l'apprenant depuis les premiers balbutiements jusqu'à la maîtrise créatrice, les théories de Vygotsky apportent la dimension collaborative, cette reconnaissance que l'excellence naît de l'échange, du dialogue, de la confrontation bienveillante avec l'autre, et l'intelligence kinesthésique de Gardner légitime et valorise l'apprentissage par le corps, révélant que la main qui façonne est aussi l'esprit qui comprend.

Cette convergence théorique engendre une pédagogie révolutionnaire qui dépasse les clivages traditionnels entre manuel et intellectuel, entre individuel et collectif, entre théorie et pratique. Elle dessine les contours d'une formation intégrale où l'apprenant développe simultanément ses compétences techniques, ses capacités relationnelles et sa conscience professionnelle.

Dans cette alchimie pédagogique, la Méthode CORPS révèle sa véritable nature : non pas simple comme technique d'enseignement, mais philosophie de l'apprentissage qui réconcilie l'intelligence de la main et celle de l'esprit, la sagesse individuelle et la richesse collective, l'héritage du passé et l'innovation de l'avenir. C'est cette synthèse unique qui fait de nos ateliers des laboratoires d'excellence, où naît cette nouvelle génération de professionnels : techniquement irréprochables, humainement épanouis, socialement responsables.

Cette convergence théorique engendre une pédagogie révolutionnaire qui dépasse les clivages traditionnels entre manuel et intellectuel, entre individuel et collectif, entre théorie et pratique. Elle dessine les contours d'une formation intégrale où l'apprenant développe simultanément ses compétences techniques, ses capacités relationnelles et sa conscience professionnelle.

Fort de ces fondements conceptuels solides, nous pouvons maintenant explorer comment cette alchimie théorique se traduit concrètement dans l'architecture pédagogique de la Méthode CORPS. Les cinq piliers que nous allons détailler incarnent chacun une dimension spécifique de cette synthèse créatrice, transformant les concepts théoriques en dispositifs opérationnels au service de l'excellence gestuelle

Architecture pédagogique - La symphonie des cinq piliers : Dans cette architecture pédagogique minutieusement orchestrée, la Méthode CORPS déploie sa force transformatrice à travers une structure quintuple, où chaque pilier dialogue avec les autres dans une harmonieuse complémentarité. Cette construction n'est pas le fruit du hasard, mais l'aboutissement d'une réflexion approfondie sur les mécanismes intimes de l'apprentissage gestuel. Chaque lettre de l'acronyme CORPS révèle un univers pédagogique spécifique, un territoire d'excellence où la main apprend autant que l'esprit, où le corps devient l'instrument privilégié de la connaissance. C'est une invitation à redécouvrir l'apprentissage comme une expérience totale, où la technique se mêle à l'émotion, où la précision côtoie la créativité, où l'individuel nourrit le collectif.

C - Compétences : Le pilier des Compétences constitue la fondation conceptuelle de notre édifice pédagogique, cette cartographie fine de l'excellence qui guide chaque geste vers sa destination professionnelle. Il ne s'agit pas d'une simple accumulation de savoir-faire disparates, mais de la construction méthodique d'une expertise incarnée, où chaque compétence trouve sa place dans une chorégraphie technique d'ensemble.

Cette approche révolutionnaire opère par décomposition minutieuse des techniques professionnelles en micro-séquences gestuelles, telle une anatomie du mouvement expert. Chaque geste complexe se trouve disséqué en ses composantes élémentaires : l'angle d'approche d'un pinceau sur la toile, la pression exercée par le coude lors d'une soudure, la trajectoire optimale d'un rabot sur le bois. Cette granularité du geste permet de cibler avec une précision chirurgicale les points de fragilité et d'excellence, transformant l'apprentissage global en une succession de victoires techniques partielles.

Au-delà de cette décomposition, nous développons un système de priorisation dynamique qui classe les compétences selon trois critères fondamentaux : la sécurité (compétences vitales pour l'intégrité physique), la précision (compétences déterminantes pour la qualité du résultat), et l'efficacité (compétences optimisant les temps et les énergies). Cette hiérarchisation permet de construire des parcours d'apprentissage personnalisés, où chaque apprenant progresse selon son profil et ses objectifs, tout en respectant les impératifs de sécurité et de qualité.

Chaque compétence développée s'inscrit dans un écosystème professionnel réaliste, ancré dans les standards de qualité et les exigences du marché. Nous ne formons pas des exécutants, mais des professionnels conscients de leur environnement de travail, capables de comprendre les enjeux économiques, techniques et humains de leur métier.

O - Observation : Elle transcende la simple surveillance pour devenir un instrument de co-construction du savoir, où le regard se fait pédagogue et l'analyse devient moteur d'apprentissage. Cette dimension collaborative transforme radicalement la relation pédagogique traditionnelle, substituant au monologue magistral un dialogue technique incarné.

Au cœur de cette approche réside l'organisation systématique en binômes dynamiques, où les rôles d'acteur et d'observateur s'alternent dans une danse pédagogique féconde. L'apprenant qui exécute bénéficie d'un regard extérieur bienveillant et techniquement éduqué, tandis que l'observateur développe son œil professionnel en analysant, verbalisant et critiquant constructivement les gestes de son pair. Cette alternance des rôles crée une émulation technique particulièrement puissante, où chacun apprend simultanément de sa propre pratique et de l'observation critique d'autrui.

L'observation mobilise l'ensemble du spectre sensoriel dans une symphonie perceptuelle finement orchestrée. Le toucher évalue les textures, jauge les résistances, apprécie les températures. La vue analyse l'alignement, vérifie la symétrie, surveille la trajectoire. L'ouïe capte les sons caractéristiques d'un outil bien utilisé, détecte les dysfonctionnements, reconnaît les rythmes optimaux. Cette éducation multisensorielle forme des professionnels dotés d'une perception enrichie, capables de "lire" leur environnement de travail avec une finesse remarquable.

L'observateur n'est pas un témoin silencieux mais un commentateur technique actif, capable de verbaliser en temps réel les observations qu'il formule. Cette verbalisation immédiate (« ta posture se crispe », « ton rythme s'accélère », « ton geste perd en fluidité ») devient un feedback vivant qui guide l'acteur dans l'ajustement immédiat de son action. Cette pratique développe simultanément le vocabulaire technique et la capacité d'analyse critique, deux compétences essentielles de l'expertise professionnelle.

R - Répétition : Loin de l'automatisme aveugle, se révèle être une répétition intelligente et créatrice, où chaque itération enrichit la précédente, où chaque cycle d'entraînement apporte sa pierre à l'édifice de la maîtrise. C'est l'art de transformer la contrainte de l'exercice en plaisir de la progression, la mécanisation en créativité maîtrisée.

Nous privilégions des séquences d'entraînement condensées et intenses, généralement de 10 à 15 minutes de pratique active suivies de 5 minutes de débriefing collectif. Cette rythmique respecte les capacités de concentration tout en maximisant l'efficacité de l'acquisition gestuelle. La brièveté de chaque cycle évite la saturation cognitive tout en maintenant un niveau d'engagement élevé, créant cette attention qui stimule l'apprentissage.

La répétition ne signifie jamais reproduction à l'identique. Au contraire, nous pratiquons une variation systématique des contextes d'application : mêmes gestes techniques appliqués à des matériaux différents, dans des conditions d'éclairage variables, avec des outils de marques distinctes. Cette variabilité contrôlée développe l'adaptabilité gestuelle, cette capacité remarquable à maintenir l'efficacité technique malgré le changement des paramètres environnementaux.

Chaque apprenant progresse selon son rythme propre dans un système de répétition différenciée, où le nombre d'itérations, la complexité des variantes et l'intensité des défis s'ajustent aux capacités et aux objectifs individuels. Cette personnalisation de la répétition évite l'ennui des plus avancés et le découragement des moins rapides, créant un environnement de progression optimale pour chaque profil d'apprenant.

P - Pratique : Elle constitue l'ancrage dans le réel de notre dispositif pédagogique, cette immersion contrôlée dans l'univers professionnel qui transforme l'apprentissage scolaire en expérience authentique. C'est le territoire où la théorie rencontre la matière, où l'intention se confronte à la résistance du réel, où naît cette intelligence pratique qui distingue le professionnel accompli.

Nos espaces de formation privilégient systématiquement l'utilisation d'outils authentiques, de matières véritables et d'environnements professionnalisants. Un banc de montage en mécanique, un établi de menuisier, un poste de soudure : chaque espace reproduit fidèlement les conditions réelles d'exercice du métier. Cette fidélité environnementale permet un transfert immédiat des compétences acquises vers le monde professionnel, éliminant cette période d'adaptation souvent frustrante que connaissent les jeunes diplômés.

Lorsque la réalité technique n'est pas accessible, nous développons des simulations ingénieuses qui respectent l'esprit sinon la lettre de la pratique professionnelle. Maquettes sophistiquées, jeux de rôles techniques, reconstitutions d'environnements de travail, ces approximations créatives maintiennent l'exigence d'authenticité tout en s'adaptant aux contraintes matérielles et budgétaires des centres de formation.

Notre approche pratique suit une courbe de complexité croissante, où les apprenants affrontent progressivement des défis de plus en plus proches des exigences professionnelles réelles. Cette montée en gamme maîtrisée évite le découragement des débuts tout en préparant efficacement à la réalité du monde du travail.

S - Sensorialité : Elle couronne notre architecture pédagogique en révélant cette dimension souvent négligée de l'expertise professionnelle : la finesse perceptuelle qui permet au maître artisan de "sentir" la matière, de "lire" l'outil, de "comprendre" l'environnement de travail par l'ensemble de ses sens éduqués.

Nous développons des protocoles d'affinement perceptuel d'une sophistication remarquable : reconnaissance tactile à l'aveugle de l'état d'usure d'une pièce mécanique, détection auditive des dysfonctionnements d'un moteur, appréciation visuelle des nuances de température d'un métal en fusion. Ces gammes sensorielles transforment les sens naturels en instruments de précision professionnelle.

Au-delà des cinq sens traditionnels, nous éduquons cette sensorialité proprioceptive qui permet de percevoir la position et les mouvements du corps dans l'espace. L'apprenant développe ainsi cette conscience corporelle raffinée qui lui permet d'auto-évaluer ses gestes selon les principes vygotskiens d'autorégulation : « La soudure est réussie si le métal ne vibre pas sous le doigt », « L'assemblage est correct si aucune tension ne se fait sentir dans les avant-bras ». Cette dimension rejoint directement le niveau Mécanisme de Simpson, où le geste devient automatique mais conscient

Nous constituons progressivement un vocabulaire sensoriel commun à l'ensemble du groupe, ces références tactiles, visuelles, auditives qui permettent de communiquer avec précision sur les aspects les plus subtils du métier. Cette culture sensorielle partagée crée une véritable communauté de pratique où l'expérience individuelle nourrit l'intelligence collective, incarnant parfaitement la Zone de Développement Proximal de Vygotsky appliquée à la sensorialité professionnelle.

Cette architecture pédagogique de la Méthode CORPS révèle ainsi sa véritable ambition : non pas former des exécutants compétents, mais éduquer des professionnels créateurs, capables simultanément de maîtriser l'héritage technique et de l'enrichir par leur propre inventivité. C'est une pédagogie de l'excellence qui réconcilie tradition et innovation, rigueur et créativité, dans cette synthèse harmonieuse qui fait naître les grands professionnels de demain.

Pour mesurer et accompagner cette progression vers l'excellence, la Méthode CORPS s'appuie sur des outils d'évaluation spécifiques qui transcendent les grilles classiques. Ces instruments d'observation sensorielle permettent de saisir la complexité de l'acte professionnel dans sa globalité, en harmonie directe avec les cinq piliers précédemment développés.

Les outils d'évaluation sensorielle : L'évaluation dans la Méthode CORPS transcende les grilles classiques pour embrasser une approche multidimensionnelle qui saisit la complexité de l'acte professionnel dans sa globalité. Ces cinq critères constituent une boussole qualitative qui guide autant l'apprenant dans son auto-évaluation que le formateur dans son accompagnement pédagogique.

La fluidité évalue cette harmonie gestuelle qui caractérise le professionnel accompli, cette absence de tensions parasites qui révèle la parfaite intégration corps-esprit-outil. Nous observons la continuité des mouvements, la souplesse des transitions, l'économie énergétique qui distingue le geste expert du geste appliqué. Cette fluidité ne signifie pas mollesse, mais cette fermeté souple qui permet d'exercer la force nécessaire tout en conservant la délicatesse requise.

La précision analyse la trajectoire gestuelle dans sa capacité à atteindre exactement l'objectif visé, sans approximation ni dispersion d'énergie. Nous évaluons la justesse du geste, sa reproductibilité, sa constance dans l'atteinte des standards de qualité. Cette précision s'apprécie autant dans le grand geste (tracer une ligne droite sur plusieurs mètres) que dans le micro-mouvement (ajuster un composant au dixième de millimètre).

La régularité mesure cette constance gestuelle qui signe la véritable appropriation technique, cette capacité à reproduire le même niveau d'excellence geste après geste, pièce après pièce. Nous observons la stabilité de la performance, l'invariance qualitative malgré la fatigue ou les variations environnementales. Cette régularité révèle l'automatisation intelligente du geste, libérant l'attention consciente pour se porter sur les aspects créatifs et adaptatifs du travail.

La sécurité vérifie que le geste intègre naturellement et spontanément les bonnes pratiques de prévention des risques, sans effort conscient ni rappel extérieur. Nous évaluons cette sécurité incorporée qui fait que les gestes dangereux deviennent littéralement impossibles à exécuter, remplacés par des automatismes protecteurs. Cette dimension sécuritaire ne s'ajoute pas au geste technique, elle s'y intègre organiquement.

L'adaptation révèle cette plasticité gestuelle qui permet au professionnel de répondre avec pertinence aux situations imprévues, aux variations matérielles, aux exigences particulières. Nous observons la capacité d'ajustement face aux imprévus, l'inventivité technique dans la résolution de problèmes inédits, la flexibilité créatrice qui transforme la contrainte en opportunité d'innovation.

Cette architecture pédagogique de la Méthode CORPS révèle ainsi sa véritable ambition : non pas former des exécutants compétents, mais éduquer des **professionnels créateurs**, capables simultanément de maîtriser l'héritage technique et de l'enrichir par leur propre inventivité. C'est une pédagogie de l'excellence qui réconcilie tradition et innovation, rigueur et créativité, dans cette **synthèse harmonieuse** qui fait naître les grands professionnels de demain.

Impacts de la Méthode CORPS : Une Transformation Profonde

Les impacts de la Méthode CORPS sont multiples et bénéfiques à plusieurs niveaux :

Mémorisation incarnée, sécurité, qualité : L'apprentissage par le geste favorise une mémorisation profonde et durable. Il intègre les dimensions de sécurité et de qualité directement dans la pratique, réduisant les risques d'erreurs et améliorant la performance. C'est une approche qui va au-delà de la simple transmission de savoirs ; elle forme des professionnels conscients, responsables et compétents.

Employabilité et mobilité professionnelles : En développant des compétences pratiques et directement transférables, la méthode renforce l'employabilité des individus et leur capacité à s'adapter à différents postes ou secteurs d'activité. C'est un levier puissant pour réduire le chômage des jeunes et favoriser l'insertion professionnelle, en particulier dans les métiers manuels et techniques qui sont souvent en forte demande.

Dignité des métiers manuels et techniques : En valorisant le savoir-faire gestuel et l'intelligence du corps, la Méthode CORPS contribue à restaurer la dignité et la reconnaissance des métiers manuels et techniques, souvent sous estimés. Elle répond à la question philosophique de la dignité : en quoi le geste, le savoir-faire, et la relation à la matière sont-ils constitutifs de l'identité et de la dignité humaine ? C'est en reconnaissant la valeur de ces métiers que l'on peut attirer de nouvelles générations et assurer la transmission des savoirs.

Passerelle informel–formel : Un Pont vers l'Avenir

La Méthode CORPS offre également des passerelles concrètes entre le secteur informel et le secteur formel. Elle permet la reconnaissance des acquis de l'expérience (RAE) des travailleurs informels, la mise en place de certifications modulaires adaptées à leurs parcours, la création de carnets de compétences valorisant leurs savoir-faire, et le développement d'ateliers-écoles en lien direct avec l'artisanat et les très petites entreprises (TPE). Cette approche favorise une formalisation progressive et inclusive, respectant les réalités du terrain, et permet de transformer la "masse" des travailleurs informels en une force d'accélération pour l'économie formelle.

Chapitre 5 – Entrepreneuriat, innovation et savoirs endogènes

L'innovation, souvent perçue comme un phénomène purement technologique, est en réalité multidimensionnelle. Elle englobe des transformations organisationnelles, commerciales et esthétiques qui sont tout aussi cruciales pour le développement. En Afrique, les savoirs endogènes et l'artisanat traditionnel, lorsqu'ils sont augmentés par le design et le numérique, ouvrent des chaînes de valeur différenciées et créent des opportunités uniques. Il ne s'agit pas de copier les modèles occidentaux, mais de valoriser et de moderniser les richesses locales.

L'innovation, souvent perçue comme une étincelle jaillie d'un laboratoire high tech, est en réalité une force bien plus diffuse, un murmure qui parcourt les marchés, les ateliers, les champs. Elle n'est pas que technologique ; elle est organisationnelle, commerciale, esthétique, un art de réinventer le quotidien avec les moyens du bord. En Afrique, cette étincelle prend une saveur particulière, nourrie par les savoirs endogènes et l'artisanat traditionnel. Ces trésors, lorsqu'ils sont augmentés par le design et le numérique, ne sont plus de simples reliques du passé, mais des leviers puissants pour créer des chaînes de valeur différenciées, des opportunités uniques qui défient les modèles conventionnels. Il ne s'agit pas de copier, mais de magnifier, de moderniser, de faire éclore une nouvelle floraison à partir de racines profondes. Comment transformer la résilience en créativité, la contrainte en opportunité ? C'est la question qui anime ce chapitre.

Plusieurs axes stratégiques peuvent être développés pour stimuler l'entrepreneuriat, l'innovation et la valorisation des savoirs endogènes, en faisant dialoguer l'ancien et le nouveau, le local et le global :

Micro-industrialisation frugale : Ce concept repose sur l'utilisation d'outils partagés, la création de fablabs (laboratoires de fabrication) et la micro-automatisation. L'objectif est de permettre la production à petite échelle, adaptée aux besoins locaux, avec des coûts réduits et une grande flexibilité. Cela favorise l'émergence de petites unités de production capables de répondre rapidement aux demandes du marché. Ce concept n'est pas une utopie, mais une réalité qui prend forme dans les interstices de l'économie africaine. Imaginez un jeune artisan, héritier d'un savoir-faire ancestral, qui, grâce à une imprimante 3D partagée dans son quartier, peut prototyper et produire des pièces uniques, adaptées aux besoins locaux, avec des coûts réduits et une grande flexibilité. C'est la "mécanique des milieux continus" appliquée à l'économie : une petite pression, une innovation locale, se propage et déforme le tissu économique, créant de nouvelles opportunités. L'objectif est de permettre la production à petite échelle, adaptée aux besoins locaux, avec des coûts réduits et une grande flexibilité. C'est une forme d'accélération douce, respectueuse des rythmes sociaux, mais puissamment transformatrice.

Clusters de proximité : La mutualisation des achats, des standards de qualité, des stratégies marketing et des programmes de formation au sein de clusters géographiques permet aux petites et moyennes entreprises (PME) et aux artisans de bénéficier d'économies d'échelle et de renforcer leur compétitivité. Ces regroupements favorisent également l'échange de savoir-faire et l'innovation collaborative. C'est une forme d'intelligence collective, où la "masse" des petites entreprises, en s'unissant, acquiert une force et une visibilité qu'elle n'aurait pas seule. Pensez à un quartier d'artisans où les ébénistes, les tisserands et les potiers partagent un espace de vente commun, des outils spécialisés et des formations sur les dernières techniques de design ou de commercialisation en ligne. C'est un écosystème où la synergie est le maître mot, où chaque succès individuel nourrit la réussite collective.

Marque territoriale : Le storytelling, les indications géographiques protégées et l'écodesign sont des outils puissants pour valoriser les produits et services issus d'un territoire spécifique. En racontant l'histoire derrière le produit, en garantissant son origine et en intégrant des principes de durabilité, il est possible de créer une marque forte qui se distingue sur les marchés nationaux et internationaux. C'est une manière de transformer l'identité locale en valeur économique, de faire du "sujet-objet" du développement un acteur conscient de sa propre valeur. Un café cultivé dans une région spécifique, un tissu teint selon des méthodes ancestrales, une sculpture façonnée avec des matériaux locaux : ces produits ne sont pas de simples marchandises, mais des vecteurs d'identité, des ambassadeurs d'un savoir-faire et d'une culture.

Financement patient : Contrairement aux financements traditionnels qui exigent des retours rapides, le financement patient est adapté aux cycles longs de l'innovation et de la croissance des PME. Il peut prendre la forme d'avances de trésorerie, d'affacturage ou de commandes publiques apprenantes, où l'État ou les collectivités s'engagent à acheter des produits ou services innovants, offrant ainsi un débouché stable aux entrepreneurs. C'est une forme de "stabilité vivante" pour l'écosystème entrepreneurial, une respiration qui permet aux jeunes pousses de grandir sans être étouffées par la pression des résultats immédiats. C'est aussi une manière de reconnaître que l'innovation, surtout en Afrique, a besoin de temps pour mûrir, pour s'adapter aux réalités locales et pour générer un impact durable.

Les leviers pour concrétiser ces axes incluent les accélérateurs « main sur la matière », qui accompagnent les entrepreneurs dans le développement de produits concrets, le e-commerce local pour faciliter la distribution des produits artisanaux, et les services de back-office mutualisés (comptabilité, gestion, etc.) qui allègent la charge administrative des petites structures. Ces outils, combinés à une approche systémique et à une pédagogie du geste, peuvent transformer l'Afrique en un laboratoire d'innovation frugale, où chaque défi est une opportunité de créer de la valeur, de l'emploi et de la dignité.

Chapitre 6 – Femmes, jeunes et diasporas : acteurs de transformation

Le continent africain dispose de trois forces vitales et dynamiques, souvent sous estimées, qui sont pourtant des catalyseurs majeurs de transformation sociale et économique : les femmes, les jeunes et les diasporas. Leur pleine mobilisation et leur intégration stratégique sont essentielles pour orchestrer un changement inclusif et durable.

Dans la grande symphonie du changement africain, certaines voix, trop longtemps murmurées, s'élèvent désormais avec une force inouïe, transformant le paysage social et économique. Les femmes, les jeunes et les diasporas ne sont pas de simples catégories démographiques ; ils sont les véritables forces vives, les catalyseurs insoupçonnés d'une transformation profonde et durable. Leur pleine mobilisation et leur intégration stratégique ne sont pas une option, mais une nécessité impérieuse pour orchestrer un changement inclusif et durable. Comment ces "sujets-acteurs" du développement, souvent relégués au rang d'objets passifs, peuvent-ils devenir les architectes de leur propre destin ? C'est la question fondamentale qui nous guide.

Ces trois forces vitales, chacune avec ses spécificités, tissent une toile complexe de dynamiques et d'opportunités :

Femmes : Les femmes africaines sont des entrepreneures de proximité par excellence, souvent à l'origine de circuits courts et de coopératives qui renforcent les économies locales. Leur leadership communautaire est un pilier de la cohésion sociale et de la résilience. Les politiques doivent viser à lever les obstacles structurels à leur pleine participation économique et sociale, notamment l'accès au foncier productif et aux équipements communs. Les femmes africaines sont les entrepreneures de proximité par excellence, les bâtisseuses silencieuses des économies locales. Elles sont à l'origine de circuits courts, de coopératives qui renforcent les liens communautaires et la résilience économique. Leur leadership, souvent informel mais profondément enraciné, est un pilier de la cohésion sociale et de la transmission des savoirs. Imaginez une femme, mère et commerçante, qui, chaque matin, déploie son étal sur le marché, négociant, vendant, tissant des liens. Son geste est précis, son regard vif, sa parole juste. Elle incarne la "dignité" du travail, la capacité à subvenir aux besoins de sa famille et de sa communauté par la force de son labeur. Les politiques doivent viser à lever les obstacles structurels à leur pleine participation économique et sociale, notamment l'accès au foncier productif et aux équipements communs. C'est une question de justice, mais aussi d'efficacité économique : libérer le potentiel des femmes, c'est libérer le potentiel de toute une nation.

Jeunes : La jeunesse africaine, majoritaire sur le continent, est caractérisée par une adoption rapide du numérique, une énergie créative débordante et une capacité d'apprentissage rapide. Ces atouts en font des acteurs clés de l'innovation et de la transformation. Il est crucial de leur offrir des opportunités d'éducation, de formation et d'emploi qui correspondent à leurs aspirations et aux besoins du marché. La jeunesse africaine, majoritaire sur le continent, est une force démographique sans précédent, un véritable tsunami d'énergie créative et d'aspirations. Caractérisée par une adoption rapide du numérique, une énergie créative débordante et une capacité d'apprentissage rapide, elle est le fer de lance de l'innovation et de la transformation. Ces jeunes, souvent connectés au monde entier via leurs smartphones, sont des ponts entre les cultures, des vecteurs de nouvelles idées. Il est crucial de leur offrir des opportunités d'éducation, de formation et d'emploi qui correspondent à leurs aspirations et aux besoins du marché. Mais au-delà des chiffres, il y a des visages, des histoires : celle de ce jeune développeur qui, depuis son quartier populaire, crée des applications mobiles pour faciliter l'accès à l'information agricole, ou de cette jeune entrepreneure qui, grâce à une imprimante 3D, fabrique des prothèses à faible coût pour les personnes handicapées. C'est une question de "vitesse compatible" : comment accompagner cette énergie sans la brider, comment la canaliser pour qu'elle devienne une force d'accélération pour le développement ?

Diasporas : Les diasporas africaines représentent une ressource inestimable. Au delà des transferts financiers, elles sont des vecteurs de transfert de compétences, de standards de qualité, d'accès à de nouveaux marchés d'exportation et d'investissement d'ancrage. Elles peuvent jouer un rôle de pont entre le continent et le reste du monde, facilitant l'échange de savoir-faire et l'intégration dans les chaînes de valeur mondiales. Ces transferts, souvent sous-estimés, sont un véritable "moment cinétique" pour le développement, une masse de savoir-faire et de capital social qui, si elle est bien canalisée, peut générer une accélération significative. L'exemple d'un médecin de la diaspora qui, en revenant dans son pays d'origine, a pu moderniser un hôpital et former des dizaines de jeunes médecins, illustre la puissance de ces transferts invisibles. C'est une question de "méta-mécanique" : comment orchestrer ces flux de compétences et de capitaux pour qu'ils maximisent leur impact sur le développement ?

Pour maximiser l'impact de ces forces, des politiques clés doivent être mises en œuvre :

Accès au foncier productif et aux équipements communs : Faciliter l'accès des femmes et des jeunes à la terre et aux outils de production est fondamental pour stimuler l'entrepreneuriat et la création de richesse. C'est une question de "stabilité vivante" : assurer un accès équitable aux ressources pour garantir un développement inclusif et durable.

Appels à projets inclusifs, quotas qualitatifs dans les achats publics : Mettre en place des mécanismes qui garantissent une participation équitable des femmes et des jeunes aux opportunités économiques, notamment à travers des appels à projets ciblés et des quotas dans les marchés publics. C'est une manière de transformer les "blocages structurels" en "leviers d'accélération", en ouvrant les portes de l'économie formelle à ceux qui en étaient traditionnellement exclus.

En conclusion, les femmes, les jeunes et les diasporas sont les forces vives de l'Afrique, les architectes de son avenir. En les reconnaissant, en les valorisant et en les dotant des moyens nécessaires, il est possible de libérer un potentiel immense et de construire une mécanique du changement qui soit à la fois robuste, flexible et inclusive. C'est un investissement dans l'humain, un pari sur l'intelligence collective et la capacité d'adaptation des sociétés africaines. C'est la clé pour passer d'une mécanique du changement subie à une dynamique du changement choisie et maîtrisée.

PARTIE III - LES LEVIERS EXTERNES

Les forces internes du continent, bien qu'indispensables, ne peuvent à elles seules assurer la transformation souhaitée. L'Afrique évolue dans un écosystème mondial interconnecté qui lui offre autant d'opportunités que de défis. Cette partie explore les trois leviers externes majeurs : la coopération internationale repensée selon une logique de partenariat équitable, l'intégration régionale comme socle de puissance collective, et enfin la révolution numérique comme accélérateur de développement.

L'enjeu réside dans la capacité du continent à transformer ces influences extérieures en catalyseurs de son propre agenda de développement.

Chapitre 7 – Coopération internationale, aide et partenariats

La coopération internationale, l'aide au développement et les partenariats jouent un rôle crucial dans la mécanique du changement africain. Cependant, pour être véritablement efficaces, ces collaborations doivent évoluer d'une logique de projets isolés vers des dispositifs intégrés, que l'on pourrait qualifier de « pays-système ». Cette approche systémique vise à maximiser l'impact et la durabilité des interventions en les ancrant profondément dans les réalités et les stratégies nationales.

La coopération internationale, souvent perçue comme un simple flux d'aide, est en réalité un champ complexe de forces et d'interactions, où les intentions se mêlent aux réalités du terrain. Pendant des décennies, l'aide au développement a été le pilier de cette coopération, mais son efficacité a souvent été remise en question. Aujourd'hui, l'heure est à la transformation, à la recherche de partenariats plus équilibrés, plus respectueux des souverainetés et des priorités africaines. Il ne s'agit plus de "donner", mais de "construire ensemble", de co-créer des solutions adaptées aux contextes locaux. Comment passer d'une logique de dépendance à une dynamique de co-développement, où l'Afrique n'est plus un simple "objet" de l'aide, mais un "sujet" actif de sa propre transformation ? C'est la question centrale de ce chapitre.

Plusieurs principes doivent guider cette nouvelle forme de coopération, en intégrant les principes de la pensée complexe et de la mécanique du changement :

Alignement sur stratégies nationales, ancrage dans les institutions locales : Les interventions extérieures doivent impérativement s'aligner sur les priorités et les plans de développement définis par les pays africains eux-mêmes. L'ancrage dans les institutions locales garantit une meilleure appropriation et renforce les capacités endogènes, évitant ainsi la création de structures parallèles ou de dépendances artificielles. C'est une question de "dignité" et de respect mutuel. La co-construction implique un dialogue permanent, une écoute active et une capacité à remettre en question les approches préconçues. C'est une manière de renforcer la "stabilité vivante" du système, en assurant un équilibre entre l'innovation et la sécurité.

Financer la capacité (maintenance, formateurs, systèmes d'info), pas seulement l'équipement : L'aide ne doit plus se limiter à la fourniture d'équipements ou d'infrastructures. Il est essentiel d'investir dans le renforcement des capacités humaines et institutionnelles, notamment la formation des formateurs, la mise en place de systèmes d'information robustes et la maintenance des infrastructures existantes. C'est une question de "vitesse compatible" : l'accélération du changement est progressive, respectueuse des rythmes sociaux et culturels, pour éviter les ruptures et garantir une transformation durable. L'exemple d'un programme qui, en formant des techniciens locaux à la maintenance des équipements médicaux, a pu garantir la pérennité des services de santé, illustre la puissance de cet investissement dans la capacité.

Co-construction des stratégies : Les stratégies de développement ne doivent plus être dictées par les bailleurs de fonds, mais élaborées conjointement avec les pays africains, en tenant compte de leurs priorités nationales et de leurs spécificités culturelles. C'est une question de "dignité" et de respect mutuel. La co-construction implique un dialogue permanent, une écoute active et une capacité à remettre en question les approches préconçues. C'est une manière de renforcer la "stabilité vivante" du système, en assurant un équilibre entre l'innovation et la sécurité.

Partenariats public-privé à impact : Il est impératif d'aligner les intérêts des secteurs public et privé pour générer des externalités positives. La contractualisation de la qualité et de l'emploi dans le cadre de ces partenariats permet de maximiser les bénéfices pour la société, en favorisant le développement économique et social de manière inclusive. Ces partenariats ne doivent pas être de simples opportunités d'affaires, mais des instruments au service du bien commun, avec des objectifs sociaux et environnementaux clairs. Par exemple, un partenariat pour la construction d'une infrastructure pourrait inclure des clauses sur la formation et l'emploi de la main-d'œuvre locale, ou sur l'utilisation de matériaux durables.

Coopération Sud-Sud et triangulaire : La coopération entre pays du Sud, ainsi que la coopération triangulaire (impliquant un pays du Nord, un pays du Sud et un pays en développement), offrent des modèles alternatifs et complémentaires à la coopération Nord-Sud traditionnelle. Elles favorisent l'échange d'expériences et de savoir-faire adaptés aux contextes similaires, renforçant ainsi l'autonomie et la résilience des pays africains. C'est une question de "plasticité" : la capacité d'un système à se déformer, à s'adapter aux nouvelles réalités sans se briser. L'exemple d'un programme de formation professionnelle développé entre le Maroc et plusieurs pays d'Afrique de l'Ouest, illustre la puissance de cette coopération Sud-Sud.

La coopération internationale constitue un catalyseur indispensable pour le développement africain. En privilégiant une approche systémique - alignée sur les stratégies nationales, axée sur le renforcement des capacités plutôt que sur l'équipement seul, favorisant la co-construction et développant la coopération Sud-Sud - elle peut devenir un véritable levier de transformation. L'objectif est de bâtir des partenariats efficaces, équitables et durables, permettant à l'Afrique de progresser à une "vitesse compatible" avec ses réalités socioculturelles, transformant ainsi ses défis en opportunités d'innovation et d'inspiration mondiale.

Chapitre 8 – Intégration régionale et mondialisation

L'intégration continentale est un levier stratégique majeur pour transformer la géométrie du marché africain et renforcer sa position dans l'économie mondiale. Au delà des frontières nationales, la création de blocs économiques régionaux et la participation active à la mondialisation offrent des opportunités de croissance, de diversification et de résilience. La Zone de Libre-Échange Continentale Africaine (ZLECAf) est à cet égard un instrument fondamental, mais son succès dépendra de la mise en œuvre de politiques d'accompagnement robustes.

Dans un monde où les frontières s'estompent et où les interdépendances se multiplient, l'intégration régionale n'est plus une option, mais une nécessité impérieuse pour le continent africain. Elle est le moteur d'une "mécanique des milieux continus", où les flux de biens, de personnes, de capitaux et d'idées créent un tissu économique et social plus dense et plus résilient. La mondialisation, loin d'être une force univoque, est un champ de forces complexes, où l'Afrique doit trouver sa place, non pas en simple réceptacle, mais en acteur à part entière. Comment transformer la fragmentation en cohésion, la vulnérabilité en force collective ? C'est la question qui nous anime dans ce chapitre.

Plusieurs axes sont essentiels pour une intégration régionale et une mondialisation réussie, en s'appuyant sur les principes de la pensée complexe et de la mécanique du changement :

ZLECAf : harmonisation graduelle des normes, facilitation commerciale, reconnaissance mutuelle des qualifications : La ZLECAf vise à créer un marché unique africain. Pour y parvenir, il est crucial d'harmoniser progressivement les normes techniques et sanitaires, de simplifier les procédures douanières pour faciliter le commerce transfrontalier, et de mettre en place des mécanismes de reconnaissance mutuelle des qualifications professionnelles. Cela permettra la libre circulation des biens, des services et des compétences, stimulant ainsi la production et l'investissement. La multiplicité des réglementations et des normes entre les pays africains est un frein majeur au commerce intra-africain et à l'investissement. L'harmonisation des cadres juridiques, fiscaux et douaniers est essentielle pour faciliter la circulation des biens et des services, réduire les coûts de transaction et créer un marché unique plus attractif. C'est une question de "statique" : trouver un équilibre entre les souverainetés nationales et la nécessité d'une cohérence régionale. Un exemple pourrait être l'adoption de normes communes pour les produits agricoles, facilitant ainsi leur exportation et leur commercialisation à l'échelle du continent.

Corridors logistiques et zones de transformation : densifier autour des axes : Le développement d'infrastructures de transport et de logistique efficaces est vital. La densification des activités économiques autour des corridors logistiques et la création de zones de transformation (zones économiques spéciales, parcs industriels) le long de ces axes permettront de réduire les coûts de production et de distribution, d'attirer les investissements et de créer des emplois. Le développement d'infrastructures transfrontalières (routes, chemins de fer, ports, aéroports, réseaux électriques, fibres optiques) est essentiel pour faciliter la circulation des biens, des personnes et des informations. Ces infrastructures sont les "nerfs" de la mécanique du changement, permettant une accélération des flux et une meilleure intégration des marchés. C'est une question de "masse" : la lourdeur des investissements nécessaires est considérable, mais l'accélération du développement en dépend. L'exemple d'un corridor de transport qui, en reliant plusieurs pays, a permis de réduire les coûts de transport de 30% et d'augmenter les échanges commerciaux de 50%, illustre l'impact de ces infrastructures.

Chaînes de valeur régionales : pièces, semi-finis, assemblage ; spécialisation complémentaire : Plutôt que de se limiter à l'exportation de matières premières, l'Afrique doit développer des chaînes de valeur régionales. Cela implique la production de pièces détachées, de produits semi-finis et l'assemblage de produits finis à l'échelle continentale. Une spécialisation complémentaire entre les pays permettra de renforcer la compétitivité globale de la région et de créer des synergies industrielles. C'est une question de "dynamique" : créer les conditions d'une circulation fluide et rapide des flux. L'exemple d'une chaîne de valeur régionale dans l'industrie textile, où chaque pays se spécialise dans une étape de la production (culture du coton, filature, tissage, confection), illustre la puissance de cette spécialisation complémentaire.

Diplomatie économique : foires régionales, vitrines sectorielles, pass-logistique : La promotion des produits et services africains sur les marchés régionaux et internationaux est essentielle. L'organisation de foires régionales, la mise en place de vitrines sectorielles et le développement de « pass-logistique » (facilitant le transport et le dédouanement) contribueront à dynamiser les échanges commerciaux et à attirer les investissements. C'est une question de "méta-mécanique" : l'art de gérer la complexité des interactions entre les acteurs, les institutions et les technologies, de faire dialoguer les intérêts nationaux et internationaux pour atteindre un objectif commun. C'est aussi une manière de renforcer la "stabilité vivante" du système, en assurant un équilibre entre l'innovation et la sécurité.

Des politiques d'appui sont nécessaires pour soutenir cette dynamique : la mise en place de guichets de conformité pour aider les entreprises à respecter les normes internationales, la création de laboratoires accrédités pour garantir la qualité des produits, l'instauration de bourses de fret pour réduire les coûts de transport, et le développement de hubs de compétences pour former la main-d'œuvre qualifiée nécessaire à ces nouvelles industries.

En conclusion, l'intégration régionale et la mondialisation sont des leviers essentiels pour le développement de l'Afrique. En s'appuyant sur la ZLECAf, en développant les infrastructures transfrontalières, en renforçant les chaînes de valeur régionales et en promouvant la diplomatie économique, il est possible de transformer la fragmentation en cohésion, la vulnérabilité en force collective. Il s'agit de construire une Afrique qui soit un acteur à part entière de la scène mondiale, capable de définir ses propres priorités et de construire son propre avenir. C'est un chemin vers une "vitesse compatible", où l'accélération du changement est progressive, respectueuse des rythmes sociaux et culturels, pour éviter les ruptures et garantir une transformation durable. C'est la promesse d'une Afrique qui non seulement rattrape son retard, mais qui innove et inspire le monde par sa capacité à transformer les défis en opportunités.

Chapitre 9 – Technologies, infrastructures et transition numérique

La technologie est un courant puissant qui déforme la matière sociale, économique et culturelle. En Afrique, la clé réside dans la capacité à intégrer ces avancées avec une « plasticité sans rupture », c'est-à-dire en adoptant les innovations de manière à renforcer les structures existantes plutôt qu'à les déstabiliser. La transition numérique, en particulier, offre des opportunités immenses pour accélérer le développement, à condition d'être menée avec une stratégie de « vitesse compatible ».

Le 21e siècle est indéniablement l'ère du numérique, où les technologies de l'information et de la communication (TIC) redéfinissent les contours de nos sociétés. En Afrique, cette révolution n'est pas une simple importation, mais une appropriation créative, une force qui, tel un courant électrique, irrigue les villes et les campagnes, transformant les modes de vie, de production et d'échange. Pourtant, cette accélération numérique se heurte à la réalité des infrastructures, souvent déficientes, et à la nécessité d'une transition qui soit à la fois rapide et inclusive. Comment transformer le fossé numérique en pont, la contrainte en opportunité ? C'est la question qui nous guide dans ce chapitre.

Cette stratégie repose sur plusieurs piliers :

Connectivité essentielle (électricité, data), prioriser usages à fort impact : L'accès à l'électricité et aux données est le fondement de toute transition numérique. Il est crucial de prioriser les investissements dans ces infrastructures de base, en ciblant les usages qui génèrent le plus grand impact social et économique. Cela inclut la santé (télémédecine, gestion des dossiers médicaux), l'agriculture (prévisions météorologiques, gestion des récoltes), la formation technique et professionnelle (TVET, accès à des contenus éducatifs en ligne) et les registres civils (identité numérique, état civil). Le développement des infrastructures numériques (extension des réseaux de fibre optique, déploiement de la 5G, solutions alternatives et frugales comme les réseaux communautaires ou les ballons internet) est essentiel pour accélérer la transition numérique en Afrique. C'est une question de "masse" : la lourdeur des investissements nécessaires est considérable, mais l'accélération du développement en dépend. L'anecdote d'un village isolé qui, grâce à une antenne relais alimentée par l'énergie solaire, a pu accéder à internet et développer de nouvelles activités économiques, illustre l'impact concret de ces infrastructures sur la vie des populations.

Services publics numériques progressifs : identité, paiement, cadastre, marchés publics : La numérisation des services publics est un levier puissant pour améliorer l'efficacité de l'administration et faciliter la vie des citoyens et des entreprises. Des services comme l'identité numérique, les plateformes de paiement électronique, le cadastre numérisé et les marchés publics en ligne peuvent réduire la corruption, augmenter la transparence et stimuler l'activité économique. C'est une question de "dynamique" : créer les conditions d'une circulation fluide et rapide des flux. L'exemple d'un pays africain qui, en numérisant ses services publics, a pu réduire les délais administratifs de 50% et augmenter les recettes fiscales de 20%, illustre l'impact de ces réformes.

IA utile et frugale : diagnostics assistés, prévisions agricoles, maintenance prédictive d'équipements : L'intelligence artificielle (IA) n'est pas réservée aux pays développés. Des applications d'IA utiles et frugales peuvent être développées pour répondre aux besoins spécifiques de l'Afrique, telles que les diagnostics médicaux assistés, les prévisions agricoles pour optimiser les rendements, ou la maintenance prédictive d'équipements pour réduire les pannes et les coûts. C'est une question de "résilience créatrice" : la capacité des sociétés africaines à non seulement résister aux chocs, mais à en tirer parti pour inventer de nouvelles formes sociales, économiques et artistiques. L'exemple d'une application mobile qui, en utilisant l'IA pour diagnostiquer des maladies des cultures, a pu augmenter les rendements agricoles de 30%, illustre la puissance de ces technologies.

Compétences numériques de base + compétences de métier augmentées (capteurs, CAO simple, e-commerce) : La formation aux compétences numériques de base est indispensable pour l'ensemble de la population. Au-delà, il est essentiel de développer des compétences de métier augmentées, c'est-à-dire des savoir-faire traditionnels enrichis par le numérique. Cela inclut l'utilisation de capteurs pour l'agriculture de précision, la conception assistée par ordinateur (CAO) simplifiée pour l'artisanat, ou la maîtrise des plateformes d'e-commerce pour la commercialisation des produits. C'est une question de "pédagogie du geste" : le développement des compétences pratiques et l'apprentissage par la pratique sont essentiels pour garantir un changement inclusif. C'est aussi une manière de renforcer la "dignité" des métiers manuels et techniques, en valorisant le savoir-faire et l'intelligence. L'exemple d'un programme de formation qui, en enseignant aux artisans l'utilisation de la CAO, a pu augmenter leurs revenus de 40%, illustre l'impact de ces compétences.

Les infrastructures physiques accompagnant cette transition sont également cruciales : les mini-réseaux électriques pour l'accès à l'énergie dans les zones rurales, les solutions solaires productives pour une énergie durable, les ateliers équipés pour la formation et la production, et les espaces de données souverains pour garantir la sécurité et la confidentialité des informations.

En conclusion, les technologies, les infrastructures et la transition numérique sont des leviers essentiels pour le développement de l'Afrique. En investissant dans la connectivité, en numérisant les services publics, en développant l'IA frugale et en renforçant les compétences numériques, il est possible de transformer le fossé numérique en pont, la contrainte en opportunité. Il s'agit de construire une Afrique qui soit un acteur à part entière de la scène mondiale, capable de définir ses propres priorités et de construire son propre avenir. C'est un chemin vers une "vitesse compatible", où l'accélération du changement est progressive, respectueuse des rythmes sociaux et culturels, pour éviter les ruptures et garantir une transformation durable. C'est la promesse d'une Afrique qui non seulement rattrape son retard, mais qui innove et inspire le monde par sa capacité à transformer les défis en opportunités.

PARTIE IV – LA MÉCANIQUE DU CHANGEMENT

Après avoir examiné les forces internes et externes qui influencent l'Afrique, nous entrons au cœur de notre démarche : comprendre les mécanismes profonds qui régissent le changement et les conditions de sa réussite.

Cette partie synthétise les enseignements du diagnostic et des leviers identifiés pour proposer un cadre théorique et pratique d'action. Elle explore d'abord les modèles d'accélération du changement, puis s'appuie sur des expériences africaines concrètes avant de définir les douze conditions d'une transformation durable et inclusive.

Chapitre 10 – Théories et modèles d'accélération du changement

Comprendre la mécanique du changement en Afrique nécessite d'adopter un cadre d'analyse qui intègre les concepts de la mécanique classique et de la pensée systémique. Ce cadre permet de décrypter les forces en jeu, les résistances et les leviers d'accélération. La transition d'un état statique à une dynamique de transformation maîtrisée est au cœur de cette approche.

Le changement, tel un fleuve impétueux, peut être canalisé, accéléré, ou au contraire, freiné par des obstacles invisibles. Comprendre les théories et les modèles qui sous tendent l'accélération du changement est essentiel pour les décideurs africains, afin de ne pas subir les transformations, mais de les orchestrer. Il ne s'agit pas de plaquer des modèles exogènes, mais de puiser dans les principes universels pour les adapter aux réalités africaines, en tenant compte de la "pensée complexe" d'Edgar Morin. Comment transformer une inertie apparente en un puissant levier de progrès, et comment s'assurer que l'accélération ne crée pas de fractures sociales ? C'est la question centrale de ce chapitre.

Cadre mécanique-systémique :

Statique : Représente l'équilibre des forces sociales. Il s'agit de la cohésion sociale, de la stabilité des institutions et de la sécurité. Un système est statique lorsque les forces qui le maintiennent en place sont en équilibre, même si cet équilibre peut être précaire.

Dynamique : Désigne les forces motrices qui impulsent le changement. Celles-ci incluent l'innovation, l'éducation de qualité et l'entrepreneuriat. La dynamique est la capacité d'un système à générer son propre mouvement et à évoluer.

Inertie : Correspond aux résistances au changement. Ces résistances peuvent être des habitudes ancrées, des coûts de transition élevés ou des risques perçus par les acteurs. L'inertie est la tendance d'un système à maintenir son état actuel, qu'il soit en mouvement ou au repos.

Moment cinétique : Mesure la quantité de mouvement d'un système en rotation. Dans le contexte social, il représente la masse sociale mobilisée multipliée par la vitesse du changement. Un moment cinétique élevé indique une transformation rapide et généralisée.

Plasticité : Décrit la capacité d'un système à se déformer sans rupture. C'est la faculté d'une société à s'adapter aux nouvelles conditions, à absorber les chocs et à intégrer les innovations sans perdre sa cohésion fondamentale.

Méta-mécanique : Fait référence à la gouvernance des interactions entre les forces antagonistes. Il s'agit de la capacité à orchestrer les différentes forces en présence pour orienter le changement dans une direction souhaitée, en gérant les tensions et les contradictions. La théorie des systèmes complexes adaptatifs, chère à Edgar Morin, nous enseigne que les sociétés sont des systèmes complexes, non linéaires, où de petites perturbations peuvent avoir des effets disproportionnés. L'accélération du changement ne peut donc pas être linéaire ; elle est le résultat d'interactions multiples, de boucles de rétroaction positives et négatives. Comprendre ces dynamiques permet d'identifier les points de levier où une intervention ciblée peut générer des effets multiplicateurs. C'est une question de "méta-mécanique" : l'art de gérer la complexité des interactions entre les acteurs, les institutions et les technologies, de faire dialoguer les intérêts nationaux et internationaux pour atteindre un objectif commun. C'est aussi une manière de renforcer la "stabilité vivante" du système, en assurant un équilibre entre l'innovation et la sécurité.

Modèle "vitesse compatible" : Le modèle de la « vitesse compatible » propose une approche pragmatique pour accélérer le changement tout en respectant les capacités d'absorption des sociétés africaines. Il s'articule autour de plusieurs étapes :

Diagnostiquer la capacité d'absorption : Avant d'initier des réformes, il est essentiel d'évaluer la capacité d'une société à les intégrer. Cela inclut l'analyse des compétences disponibles, des infrastructures existantes et des dynamiques sociales et culturelles. C'est une question de "vitesse compatible" : l'accélération du changement est progressive, respectueuse des rythmes sociaux et culturels, pour éviter les ruptures et garantir une transformation durable.

Modèles de diffusion de l'innovation : La diffusion de l'innovation ne se fait pas de manière uniforme ; elle suit des courbes en S, avec des innovateurs, des adopteurs précoces, une majorité précoce, une majorité tardive et des retardataires. Comprendre ces dynamiques permet d'adapter les stratégies de communication et de sensibilisation, de cibler les bons acteurs et de créer un effet d'entraînement. L'accélération du changement passe par une diffusion rapide et inclusive des innovations, qu'elles soient technologiques, sociales ou organisationnelles. L'anecdote d'un programme de micro-crédit qui, en ciblant les femmes entrepreneures, a réussi à se diffuser rapidement dans les communautés rurales, illustre la puissance de ces modèles de diffusion. Les modèles de diffusion de l'innovation doivent également être adaptés aux réalités africaines. La diffusion d'une nouvelle technologie agricole, par exemple, ne dépend pas seulement de sa performance technique, mais aussi de facteurs sociaux et culturels, tels que la confiance dans les agents de vulgarisation, l'existence de réseaux communautaires ou la perception des risques. Les stratégies de diffusion doivent donc être participatives, impliquant les communautés locales dans la conception et la mise en œuvre des innovations. La "pédagogie du geste", en valorisant l'apprentissage par l'expérience et la démonstration pratique, peut accélérer l'adoption de nouvelles pratiques et technologies.

Théorie des contraintes (Theory of Constraints - TOC) : Cette théorie postule que tout système a au moins une contrainte qui limite sa performance globale. L'accélération du changement passe par l'identification et la levée de ces contraintes, qu'elles soient physiques (infrastructures), organisationnelles (bureaucratie) ou culturelles (résistance au changement). C'est une question de "masse" : la lourdeur des contraintes peut freiner l'accélération, mais leur levée peut libérer un potentiel considérable. L'exemple d'un port africain qui, en optimisant ses processus logistiques, a réussi à réduire drastiquement les délais de dédouanement, illustre l'impact de la levée des contraintes sur la performance globale. L'application de la théorie des contraintes en Afrique révèle souvent que les contraintes ne sont pas seulement techniques ou financières, mais aussi institutionnelles et politiques. La corruption, la bureaucratie, l'absence de l'État de droit peuvent être des contraintes majeures qui limitent la performance globale des systèmes. L'identification et la levée de ces contraintes nécessitent une approche holistique, qui combine les réformes structurelles avec le renforcement des capacités et la promotion de la bonne gouvernance.

Approche par les capacités (Capability Approach) : Développée par Amartya Sen et Martha Nussbaum, cette approche met l'accent sur le développement des capacités des individus à choisir et à réaliser la vie qu'ils valorisent. L'accélération du changement ne doit pas être une fin en soi, mais un moyen de renforcer les capacités des populations, de leur donner les moyens de leur autonomisation. C'est une question de "dignité" : le développement doit être au service de l'épanouissement humain, et non l'inverse. La "pédagogie du geste" s'inscrit pleinement dans cette approche, en renforçant les compétences pratiques et l'employabilité des individus. L'approche par les capacités est particulièrement pertinente pour l'Afrique, où le développement doit être centré sur l'humain. Elle nous invite à dépasser les indicateurs économiques traditionnels (PIB par habitant) pour nous concentrer sur les capacités réelles des individus à vivre la vie qu'ils valorisent. Cela implique un investissement massif dans l'éducation, la santé, la nutrition, mais aussi dans la liberté d'expression, la participation citoyenne et l'accès à la justice.

Mécanique des milieux continus et résilience créatrice : Le concept de "mécanique des milieux continus" nous aide à comprendre comment les pressions exercées sur un système social (réformes, investissements) se propagent et déforment le tissu social. L'accélération du changement doit tenir compte de cette "plasticité" des sociétés, de leur capacité à s'adapter sans se briser. La "résilience créatrice" est la capacité des sociétés africaines à non seulement résister aux chocs, mais à en tirer parti pour inventer de nouvelles formes sociales, économiques et artistiques. C'est une manière de questionner la notion de "progrès" : est-il toujours linéaire ? Qu'est-ce qu'un "développement réussi" ? Est-ce uniquement mesuré par le PIB ou par la capacité d'une société à être en harmonie avec elle-même et son environnement ? La réponse réside peut-être dans cette capacité à se réinventer constamment, à puiser dans ses propres ressources pour construire un avenir qui lui ressemble. Les sociétés africaines, soumises à des pressions externes et internes, se déforment, s'adaptent, mais ne se brisent pas. Elles inventent de nouvelles formes sociales, économiques et artistiques, qui sont le reflet de leur ingéniosité et de leur capacité à surmonter l'adversité. Cette "plasticité" est une ressource inestimable, un potentiel de transformation qui doit être valorisé et accompagné.

En conclusion, les théories et modèles d'accélération du changement offrent des outils précieux pour les décideurs africains. En adoptant une approche systémique, en identifiant et en levant les contraintes, en favorisant la diffusion des innovations et en renforçant les capacités des populations, il est possible d'orchestrer un changement rapide, inclusif et durable. Il s'agit de passer d'une mécanique du changement subie à une dynamique du changement choisie et maîtrisée, où l'Afrique est un acteur à part entière de sa propre transformation, capable de définir ses propres priorités et de construire son propre avenir. C'est un chemin vers une "vitesse compatible", où l'accélération du changement est progressive, respectueuse des rythmes sociaux et culturels, pour éviter les ruptures et garantir une transformation durable. C'est la promesse d'une Afrique qui non seulement rattrape son retard, mais qui innove et inspire le monde par sa capacité à transformer les défis en opportunités.

Chapitre 11 – Expériences réussies et cas d'étude africains

Au-delà des théories et des modèles, la mécanique du changement africain s'incarne dans des expériences concrètes et des cas d'étude qui démontrent la faisabilité et l'efficacité des approches proposées. L'analyse de ces succès permet d'identifier les facteurs clés de réussite et les leçons transférables. Pour chaque cas, une trame d'analyse commune sera appliquée :

L'Afrique n'est pas seulement un continent de défis ; c'est aussi un laboratoire foisonnant d'expériences réussies, de solutions innovantes qui, bien que souvent méconnues, offrent des pistes précieuses pour l'avenir. Ces cas d'étude ne sont pas de simples anecdotes ; ils sont les preuves tangibles que le changement est possible, que la "résilience créatrice" est une réalité, et que l'Afrique est capable de construire son propre chemin de développement. Il ne s'agit pas de copier aveuglément, mais de comprendre les mécanismes sous-jacents à ces succès, d'identifier les facteurs de transférabilité et de les adapter aux contextes spécifiques. Comment passer d'une logique de l'exception à une dynamique de la généralisation, où les succès locaux inspirent et catalysent des transformations à plus grande échelle ? C'est la question qui nous anime dans ce chapitre.

Plusieurs cas emblématiques seront proposés pour illustrer ces dynamiques, chacun offrant des leçons précieuses pour la mécanique du changement :

Rwanda : Ce pays est souvent cité pour ses services publics numériques innovants et son système de formation technique et professionnelle (TVET) fortement orienté vers les métiers en tension. L'accent mis sur la gouvernance et la planification stratégique a permis une transformation rapide et visible. Le Rwanda, souvent cité en exemple, a su transformer les défis post-génocide en opportunités de reconstruction et de développement. Sa stratégie de gouvernance adaptative, caractérisée par une vision claire, une forte volonté politique et une capacité d'exécution remarquable, a permis des avancées significatives dans des domaines clés comme la numérisation des services publics, la santé et l'éducation. L'anecdote d'un citoyen rwandais qui, grâce à une application mobile, peut enregistrer sa naissance, payer ses impôts ou accéder à des services de santé en quelques clics, illustre la puissance de cette transformation numérique. C'est une illustration de la "méta-mécanique" en action : l'art de gérer la complexité des interactions entre les technologies, les acteurs et les régulations, de faire dialoguer les intérêts nationaux et internationaux pour atteindre un objectif commun. C'est aussi une manière de renforcer la "stabilité vivante" du système, en assurant un équilibre entre l'innovation et la sécurité.

Sénégal : Le Sénégal est en train de se positionner comme un hub technologique et d'innovation en Afrique de l'Ouest, avec une scène startup dynamique, des incubateurs et des programmes de formation en numérique. Le pays a su capitaliser sur sa jeunesse connectée et son écosystème entrepreneurial pour attirer les investissements et développer de nouvelles solutions. L'anecdote d'une jeune entrepreneure sénégalaise qui, grâce à un programme d'incubation, a pu développer une solution innovante pour la gestion des déchets urbains, illustre la puissance de cette dynamique. C'est une illustration de la "plasticité" : la capacité d'un système à se déformer, à s'adapter aux nouvelles technologies, à intégrer les innovations sans se briser. C'est aussi une manière de renforcer la "résilience créatrice" des entrepreneurs, une confiance dans leur capacité à transformer les défis en opportunités, même face à l'adversité.

Maroc : Le Maroc a mis en place une stratégie ambitieuse de développement industriel et agricole, avec des investissements massifs dans les infrastructures, la formation professionnelle et la diversification des exportations. Le pays est devenu un acteur majeur dans des secteurs comme l'automobile, l'aéronautique et l'agriculture. Le succès du Maroc repose sur une vision à long terme, une planification stratégique et une capacité à attirer les investissements étrangers. C'est une illustration de la "masse" : la lourdeur des investissements nécessaires est considérable, mais l'accélération du développement en dépend. C'est aussi une manière de renforcer la "dignité" des métiers manuels et techniques, en valorisant le savoir-faire et l'intelligence.

Éthiopie : L'Éthiopie a connu une croissance économique rapide ces dernières années, grâce à des investissements massifs dans les infrastructures (barrages hydroélectriques, routes, chemins de fer) et le développement de parcs industriels. Le pays a su attirer les investissements étrangers et créer des emplois dans le secteur manufacturier. Le succès de l'Éthiopie repose sur une stratégie de développement axée sur l'industrialisation et l'intégration dans les chaînes de valeur mondiales. C'est une illustration de la "dynamique" : créer les conditions d'une circulation fluide et rapide des flux. C'est aussi une manière de renforcer la "dignité" des métiers manuels et techniques, en valorisant le savoir-faire et l'intelligence.

Facteurs de transférabilité :

Contexte institutionnel : La solidité des institutions, la qualité de la gouvernance et la stabilité politique sont des facteurs clés pour la transférabilité des expériences réussies. Un environnement institutionnel favorable facilite la mise en œuvre des réformes et la pérennité des projets.

Capacités humaines : La disponibilité de compétences qualifiées, la qualité de la formation professionnelle et la capacité d'apprentissage des populations sont essentielles pour l'adoption et l'adaptation des innovations. La "pédagogie du geste" est un levier puissant pour renforcer ces capacités.

Ressources financières : L'accès à des financements adéquats, qu'ils soient publics, privés ou internationaux, est crucial pour la mise en œuvre et l'extension des projets. La diversification des sources de financement et l'attraction des investissements à impact sont des priorités.

Appropriation locale : L'engagement des acteurs locaux, la participation citoyenne et la prise en compte des spécificités culturelles sont des facteurs déterminants pour l'acceptabilité sociale et la pérennité des projets. Le "sujet objet" du développement doit être un acteur conscient de sa propre valeur.

Ces expériences réussies en Afrique sont une source d'inspiration et d'apprentissage inestimable. En analysant les mécanismes sous-jacents à ces succès, en identifiant les facteurs de transférabilité et en les adaptant aux contextes spécifiques, il est possible de catalyser des transformations à plus grande échelle. Il s'agit de passer d'une logique de l'exception à une dynamique de la généralisation, où les succès locaux inspirent et catalysent des transformations à plus grande échelle. C'est la promesse d'une Afrique qui non seulement rattrape son retard, mais qui innove et inspire le monde par sa capacité à transformer les défis en opportunités.

Au-delà des théories et des modèles, la mécanique du changement africain s'incarne dans des expériences concrètes et des cas d'étude qui démontrent la faisabilité et l'efficacité des approches proposées. L'analyse de ces succès permet d'identifier les facteurs clés de réussite et les leçons transférables. L'Afrique n'est pas seulement un continent de défis ; c'est aussi un laboratoire foisonnant d'expériences réussies, de solutions innovantes qui, bien que souvent méconnues, offrent des pistes précieuses pour l'avenir.

Étude de cas – Tunisie

Le cas d'étude suivant sur la Tunisie illustre concrètement comment la mécanique du changement peut transformer un secteur traditionnel en un moteur de développement inclusif, en respectant l'identité culturelle tout en intégrant les innovations nécessaires à la compétitivité moderne. Ce cas d'étude s'inscrit pleinement dans la démarche de cet ouvrage, en montrant comment les concepts de "mécanique du changement", de "pédagogie du geste" et de "résilience créatrice" peuvent être appliqués pour orchestrer une transformation durable.

Transformation du secteur artisanal et créatif tunisien

Diagnostic - Les Forces en Présence

- **Statique (équilibre fragile) :**
    - Patrimoine artisanal millénaire : céramique de

Nabeul, tapis de Kairouan, cuivre de Sidi Bou Saïd
  - Savoir-faire traditionnel transmis de génération en génération
- **Inertie (résistances au changement) :**
  - ~80% des artisans travaillent dans l'informel
  - Âge moyen des maîtres artisans : ~60 ans
  - Faible adoption du numérique
  - Circuits de commercialisation traditionnels limités

Application de la Méthode CORPS

Cas concret : Centre de Formation CORPS à Sejnane

- **Phase 1 - Analyse de l'activité gestuelle :**
  - Déconstruction du geste de façonnage de la poterie berbère féminine
  - Identification de 10-12 gestes-clés pour maîtriser la technique ancestrale
  - Intégration des innovations (tours électriques, émaux écologiques)
- **Phase 2 - Situations immersives :**
  - Ateliers reproduisant fidèlement l'environnement traditionnel
  - Collaboration avec les femmes potières expertes locales
  - Intégration progressive d'outils numériques (design 3D simplifié)
- **Résultats estimés (24 mois) :**
  - 120 jeunes formés (avec 2/3 de femmes)
  - Taux d'insertion : >75% dans les 6 mois
  - Revenus moyens : 200% du SMIG
  - Création de 2-3 coopératives d'exportation

Vitesse Compatible - Approche Graduelle

L'accélération des processus de développement doit impérativement respecter la capacité d'absorption des sociétés. C'est ce que l'approche tunisienne a mis en pratique pour éviter les ruptures.

- **Année 1-2 : Ancrage local**
  - Formation des formateurs locaux
  - Respect des codes sociaux traditionnels
  - Validation par les anciens maîtres artisans
- **Année 3-4 : Ouverture contrôlée**
  - Introduction d'e-commerce via plateformes locales
  - Participation aux foires nationales et régionales
  - Développement de la marque territoriale "Sejnane Authentique"
- **Année 5-7 : Rayonnement international**
  - Certification "Indication Géographique Protégée"
  - Exportation vers l'Europe et le Golfe
  - Formation de formateurs pour d'autres régions

Plasticité Sociale - Adaptation Sans Rupture

Le concept de **"plasticité"** souligne la capacité d'adaptation des sociétés africaines à se transformer sans se briser. L'exemple des potières de Sejnane est frappant :

- **Tradition préservée :**
  - Maintien des techniques ancestrales berbères
  - Conservation des motifs symboliques traditionnels
  - Respect de la transmission matriarcale du savoir
- **Innovation intégrée :**
  - Applications mobiles pour gérer les commandes (en arabe dialectal)
  - Fours solaires pour réduire les coûts énergétiques
  - Packaging moderne pour l'export respectant l'identité visuelle

- **Impact social mesurable :**
    - Valorisation du statut des femmes rurales
    - Fixation des populations dans leurs territoires
    - Transmission intergénérationnelle renforcée

Méta-Mécanique - Orchestration des Forces

La **"méta-mécanique"** représente l'art de la gouvernance, la capacité à orchestrer ces forces complexes pour atteindre un objectif commun.

- **Acteurs mobilisés :**
    - Gouvernement : Programme national "Artisanat 2030"
    - Diaspora tunisienne : Réseau de distribution en France et Allemagne
    - Secteur privé : Partenariats avec hôtellerie de luxe et concept stores
    - Société civile : Associations de femmes rurales
- **Mécanismes de coordination :**
    - Comité de pilotage tripartite (État-Privé-Civil)
    - Plateforme numérique de suivi des projets
    - Tableaux de bord avec indicateurs de performance et d'impact social

Boucles de Rétroaction Positives

Ce cas illustre un cercle vertueux, un principe clé de la pensée systémique.

- Formation CORPS → Hausse de la qualité
- Qualité supérieure → Accès aux marchés premium
- Revenus augmentés → Attractivité du secteur pour les jeunes
- Nouvelles générations → Innovation et adaptation
- Innovation maîtrisée → Préservation enrichie de la tradition

Leçons Apprises

Le succès de l'initiative repose avant tout sur un ancrage profond dans les savoir-faire existants. Loin de vouloir tout balayer pour imposer de nouvelles méthodes, le projet a su respecter et valoriser l'héritage artisanal. Cette approche a permis une "vitesse compatible", c'est-à-dire une transformation graduelle qui respecte le rythme des communautés et évite les ruptures.

Par ailleurs, l'implication de la diaspora tunisienne peut être un levier crucial, agissant comme un pont entre les artisans locaux et les marchés internationaux. Enfin, la valorisation des femmes est essentielle, non seulement sur le plan social mais aussi économique, en reconnaissant leur rôle central en tant qu'actrices de ce changement.

Cependant, le chemin n'est pas sans obstacles. Il faut surmonter les résistances initiales des circuits de commercialisation traditionnels. Le projet met également en lumière la nécessité d'un accompagnement financier patient et adapté, car les dynamiques de l'artisanat diffèrent de celles de l'industrie. Enfin, la pérennité de la qualité des produits reste un défi qui exige une formation continue des artisans.

Vers un modèle national : l'essaimage de l'expérience tunisienne

Un premier succès à Sejnane n'est pas à considérer comme phénomène isolé mais il peut constituer un modèle reproductible, une matrice qui peut irriguer l'ensemble du territoire tunisien. Cette perspective d'essaimage révèle tout le potentiel d'une approche systémique du développement artisanal, où chaque région devient un maillon d'une chaîne nationale de valorisation des savoir-faire traditionnels.

À Kairouan, ville millénaire et berceau spirituel du pays, l'art ancestral du tapis et du textile traditionnel offre un terrain fertile pour cette réplication. Les femmes tisserandes, héritières d'une tradition séculaire, détiennent entre leurs mains expertes les clés d'une renaissance artisanale. Leurs gestes précis, répétés depuis des générations, façonnent des œuvres où se mêlent géométrie islamique et symboliques berbères. L'application de la Méthode CORPS dans ce contexte permettrait de codifier et de transmettre ces techniques raffinées, tout en les enrichissant d'innovations techniques et commerciales adaptées aux exigences contemporaines.

Dans la dynamique industrielle de Sfax, la maroquinerie et le travail du cuir trouvent un écho naturel avec l'esprit entrepreneurial de la région. Cette ville, déjà tournée vers l'économie moderne, dispose des atouts nécessaires pour transformer son artisanat traditionnel en une industrie créative compétitive. Les maîtres maroquiniers de Sfax, forts de leur expertise technique, pourraient ainsi voir leurs créations gagner de nouveaux marchés grâce à une approche structurée de la formation et de la commercialisation.

L'île de Djerba, avec sa richesse culturelle unique et son patrimoine berbère préservé, représente un laboratoire particulièrement prometteur. L'orfèvrerie et la bijouterie traditionnelles y sont l'expression d'un art millénaire où chaque pièce raconte une histoire, porte un symbole. Les artisans djerbiens, gardiens de ces techniques ancestrales, disposent d'un capital culturel exceptionnel qui, une fois valorisé selon les principes éprouvés, pourrait rayonner bien au-delà des frontières insulaires.

Cette expansion géographique ne peut toutefois s'opérer que sous certaines conditions fondamentales. L'existence d'un patrimoine artisanal clairement identifié constitue le socle indispensable de toute intervention. Il ne s'agit pas de créer artificiellement des traditions, mais de révéler et de magnifier celles qui existent déjà, souvent dans l'ombre. Cette identification implique un travail minutieux de recensement, de documentation et de compréhension des spécificités locales.

La présence de maîtres artisans motivés représente le facteur humain déterminant. Sans ces gardiens du savoir-faire, détenteurs des gestes authentiques et des secrets de fabrication, aucune transmission véritable n'est possible. Leur motivation ne se décrète pas ; elle se cultive par la reconnaissance de leur expertise, la valorisation de leur rôle social et la perspective tangible d'un avenir meilleur pour leur art et leurs disciples.

Le soutien des autorités locales s'avère crucial pour créer l'environnement favorable nécessaire. Ce soutien ne se limite pas aux aspects financiers ; il englobe la volonté politique, la facilitation administrative, l'accompagnement stratégique et la promotion institutionnelle. Les collectivités locales, en tant qu'interfaces entre les artisans et les instances nationales, jouent un rôle de catalyseur indispensable.

Enfin, l'évaluation du potentiel de marché, qu'il soit local ou destiné à l'exportation, conditionne la viabilité économique de chaque initiative. Cette analyse doit être fine, tenant compte des spécificités culturelles, des tendances de consommation et des opportunités commerciales. Elle guide les choix stratégiques en matière de positionnement, de volumes de production et de circuits de distribution.

Chapitre 12 – Les conditions d'un changement durable et inclusif

Pour que la mécanique du changement africain ne soit pas une succession d'initiatives isolées mais une transformation profonde et pérenne, elle doit reposer sur un ensemble de conditions interdépendantes. Ces douze conditions sont les piliers d'un développement qui allie croissance économique, équité sociale et respect de l'environnement. La durabilité naît de la cohérence entre la politique, la production et la pédagogie.

Le changement, pour être durable et inclusif, ne peut être imposé d'en haut ; il doit germer du terreau fertile des sociétés, s'enraciner dans les réalités locales et s'épanouir grâce à la participation de tous. En Afrique, où la diversité est la norme et la résilience une vertu, les conditions d'un changement réussi sont multiples et interdépendantes. Il ne s'agit pas de chercher une formule magique, mais de comprendre les mécanismes qui permettent aux sociétés de se transformer sans se déchirer, de progresser sans laisser personne de côté. Comment construire une mécanique du changement qui soit à la fois robuste et flexible, capable de propulser le continent vers un avenir de prospérité partagée et de développement durable ? C'est la question qui nous anime dans ce chapitre.

Voici les douze conditions essentielles à un changement durable et inclusif :

1. **Vision partagée et mesurable** : Un changement durable commence par une vision claire et ambitieuse, co-construite par l'ensemble des acteurs (gouvernements, société civile, secteur privé, partenaires). Cette vision doit être déclinée en objectifs mesurables pour permettre un suivi rigoureux des progrès.

2. **Gouvernance adaptative et transparente** : Une gouvernance capable d'apprendre de ses erreurs, de s'adapter aux contextes changeants et de rendre compte de ses actions est fondamentale. La transparence renforce la confiance et l'engagement des citoyens. Un leadership fort, intègre et visionnaire est la première condition d'un changement réussi. Il doit être capable de définir une vision claire pour le pays, de mobiliser les énergies, de prendre des décisions courageuses et de les communiquer de manière transparente. Ce leadership doit être enraciné dans les réalités africaines, capable de comprendre les dynamiques sociales et culturelles, et de s'adapter aux imprévus. C'est une question de "méta-mécanique" : l'art de gérer la complexité des

interactions entre les acteurs, les institutions et les technologies, de faire dialoguer les intérêts nationaux et internationaux pour atteindre un objectif commun. C'est aussi une manière de renforcer la "stabilité vivante" du système, en assurant un équilibre entre l'innovation et la sécurité.

3. **Financement soutenable et orienté résultats** : Les stratégies de développement doivent être accompagnées de mécanismes de financement diversifiés, pérennes et axés sur l'atteinte de résultats concrets. Cela implique une gestion rigoureuse des fonds et une recherche constante d'efficacité.

4. **Transition juste : protections et reconversions** : Le changement génère inévitablement des gagnants et des perdants. Une transition juste assure des mécanismes de protection sociale pour les populations vulnérables et des programmes de reconversion professionnelle pour ceux dont les métiers sont impactés par les transformations.

5. **Accélération "vitesse compatible"** : Comme évoqué précédemment, le rythme du changement doit être en adéquation avec la capacité d'absorption sociale, culturelle et économique. Une accélération maîtrisée évite les ruptures et favorise l'appropriation collective.

6. **Systèmes de compétences ancrés dans le geste (CORPS)** : L'investissement dans des systèmes de formation professionnelle qui valorisent l'intelligence du geste et l'apprentissage par la pratique, à l'image de la Méthode CORPS, est crucial pour développer une main-d'œuvre qualifiée et adaptable.

7. **Approvisionnement en énergie et outils productifs accessibles** : L'accès fiable et abordable à l'énergie et à des outils de production adaptés est une condition sine qua non pour le développement des activités économiques, notamment dans les zones rurales et pour les petites entreprises.

8. **Participation citoyenne et appropriation locale** : Le changement ne peut être durable que s'il est porté par les citoyens eux-mêmes. La participation citoyenne, à travers des mécanismes de consultation, de dialogue et de prise de décision partagée, est essentielle pour garantir l'appropriation locale des projets et des réformes. C'est une question de "dignité" : les populations ne sont pas de simples objets passifs des politiques publiques, mais des sujets actifs, des co-créateurs de leur propre destin. L'anecdote d'un projet de développement local qui, grâce à la participation active des habitants, a pu être adapté aux besoins spécifiques de la communauté et a généré des résultats durables, illustre la puissance de cette approche.

9. **Renforcement des capacités institutionnelles** : Des institutions fortes, transparentes et redevables sont le socle d'un changement durable. Cela implique le renforcement des capacités administratives, la lutte contre la corruption, la promotion de l'État de droit et la modernisation des services publics. C'est une question de "masse" : la lourdeur des institutions peut freiner l'accélération, mais leur renforcement peut libérer un potentiel considérable. L'exemple d'un pays africain qui, en réformant son système judiciaire, a pu attirer davantage d'investissements et renforcer la confiance des citoyens, illustre l'impact de ces réformes institutionnelles.

10. **Investissement dans le capital humain** : L'éducation, la formation professionnelle et la santé sont les piliers du développement humain. Un investissement massif et ciblé dans ces domaines est essentiel pour renforcer les capacités des populations, améliorer leur employabilité et leur bien-être. C'est une question de "pédagogie du geste" : le développement des compétences pratiques et l'apprentissage par la pratique sont essentiels pour garantir un changement inclusif. C'est aussi une manière de renforcer la "dignité" des métiers manuels et techniques, en valorisant le savoir-faire et l'intelligence.

11. **Diversification économique et création de valeur ajoutée** : La dépendance vis-à-vis des matières premières rend les économies africaines vulnérables aux chocs externes. La diversification économique, à travers le développement de l'industrie manufacturière, des services et de l'agriculture transformée, est essentielle pour créer des emplois, générer des revenus et renforcer la résilience. C'est une question de "dynamique" : créer les conditions d'une circulation fluide et rapide des flux. L'exemple d'un pays africain qui, en développant son secteur touristique, a pu créer des emplois et générer des devises, illustre l'impact de la diversification économique.

12. **Gestion durable des ressources naturelles** : L'Afrique est riche en ressources naturelles, mais leur exploitation doit être durable et inclusive, au bénéfice des populations locales. Cela implique une gouvernance transparente des industries extractives, la protection de l'environnement et la promotion des énergies renouvelables. C'est une question de "résilience créatrice" : la capacité des sociétés africaines à non seulement résister aux chocs, mais à en tirer parti pour inventer de nouvelles formes sociales, économiques et artistiques. C'est une manière de questionner la notion de "progrès" : est-il toujours linéaire ? Qu'est ce qu'un "développement réussi" ? Est-ce uniquement mesuré par le PIB ou par la capacité d'une société à être en harmonie avec elle-même et son environnement ? La réponse réside peut-être dans cette capacité à se réinventer constamment, à puiser dans ses propres ressources pour construire un avenir qui lui ressemble.

En conclusion, les conditions d'un changement durable et inclusif en Afrique sont multiples et interdépendantes. Elles exigent un leadership éclairé, une participation citoyenne active, des institutions fortes, un investissement massif dans le capital humain, une diversification économique et une gestion durable des ressources naturelles. En adoptant une approche systémique, en renforçant les capacités institutionnelles, en investissant dans le capital humain, en diversifiant l'économie et en gérant durablement les ressources naturelles, il est possible de construire un avenir de prospérité partagée et de développement durable. C'est un chemin vers une "vitesse compatible", où l'accélération du changement est progressive, respectueuse des rythmes sociaux et culturels, pour éviter les ruptures et garantir une transformation durable. C'est la promesse d'une Afrique qui non seulement rattrape son retard, mais qui innove et inspire le monde par sa capacité à transformer les défis en opportunités.

PARTIE V – VERS UN NOUVEL HORIZON

Cette dernière partie trace les perspectives pour le continent africain en s'appuyant sur l'ensemble des analyses et propositions développées. Elle projette l'Afrique à l'horizon 2050 à travers trois scénarios contrastés, identifie les réformes stratégiques incontournables pour concrétiser le changement, et propose une synthèse opérationnelle pour passer de la compréhension théorique à l'action transformatrice. L'objectif est de donner aux décideurs et acteurs de terrain les clés pour orchestrer une dynamique de changement choisie et maîtrisée.

Chapitre 13 – Scénarios prospectifs pour l'Afrique à l'horizon 2050

Anticiper l'avenir de l'Afrique à l'horizon 2050 est un exercice complexe, mais essentiel pour orienter les stratégies de développement. En se basant sur les dynamiques actuelles et les leviers de changement identifiés, trois scénarios prospectifs principaux peuvent être envisagés. Ces scénarios ne sont pas des prédictions, mais des outils pour explorer les futurs possibles et éclairer les choix stratégiques.

Anticiper l'avenir n'est pas une science exacte, mais un art de la prospective, une exploration des possibles qui permet de préparer le présent. Pour l'Afrique, l'horizon 2050 est un point de convergence de forces démographiques, économiques, technologiques et environnementales qui dessinent des trajectoires multiples. Il ne s'agit pas de prédire, mais de construire des scénarios, des récits cohérents qui éclairent les choix d'aujourd'hui. Comment l'Afrique peut-elle naviguer entre les écueils et les opportunités, et quelle "mécanique du changement" doit-elle adopter pour réaliser son plein potentiel ? C'est la question qui nous anime dans ce chapitre.

Trois horizons :

Inertiel : Ce scénario représente une continuation des tendances actuelles sans inflexion majeure. Il se caractérise par une croissance économique fragmentée, où les bénéfices du développement ne sont pas équitablement répartis. La vulnérabilité aux chocs externes (climatiques, économiques, sanitaires) reste élevée, et la formalisation de l'économie progresse lentement. Dans ce futur, les défis structurels persistent, et le continent peine à réaliser son plein potentiel, malgré des poches de dynamisme. Dans ce scénario pessimiste, l'Afrique n'a pas réussi à surmonter ses défis structurels. La croissance démographique n'a pas été accompagnée par la création d'emplois, entraînant un chômage de masse et des tensions sociales. L'intégration régionale est restée lettre morte, et les économies sont toujours dépendantes des matières premières. La gouvernance est faible, la corruption est endémique, et les institutions sont fragiles. L'Afrique est marginalisée sur la scène mondiale, subissant les décisions des grandes puissances. Ce scénario est le résultat d'une "inertie" qui n'a pas été transformée en levier de progrès, et d'une incapacité à embrasser la "pensée complexe" et à gérer les boucles de rétroaction négatives. C'est une illustration de la "masse" des problèmes qui freinent l'accélération du développement, et d'une incapacité à libérer le potentiel de la "plasticité" des sociétés africaines.

L'Afrique, puissance émergente et intégrée : Dans ce scénario optimiste, l'Afrique a réussi à transformer son dividende démographique en opportunité, grâce à des investissements massifs dans l'éducation, la formation professionnelle et la santé. L'intégration régionale est une réalité, avec des marchés unifiés, des infrastructures transfrontalières et une libre circulation des personnes et des capitaux. Les économies sont diversifiées, avec une forte valeur ajoutée locale, et l'innovation est le moteur de la croissance. La gouvernance est transparente et redevable, et les institutions sont solides. L'Afrique est un acteur majeur sur la scène mondiale, capable de peser sur les décisions et de défendre ses intérêts. Ce scénario est le fruit d'une "vitesse compatible" et d'une "résilience créatrice" qui ont permis au continent de surmonter les défis et de construire un avenir prospère. C'est une illustration de la "méta mécanique" en action : l'art de gérer la complexité des interactions entre les acteurs, les institutions et les technologies, de faire dialoguer les intérêts nationaux et internationaux pour atteindre un objectif commun. C'est aussi une manière de renforcer la "stabilité vivante" du système, en assurant un équilibre entre l'innovation et la sécurité.

L'Afrique, résiliente et innovante, mais inégale : Dans ce scénario intermédiaire, l'Afrique a réalisé des progrès significatifs dans certains domaines, notamment l'innovation technologique et l'entrepreneuriat. Des hubs technologiques émergent, des solutions locales sont développées pour répondre aux besoins spécifiques, et la "pédagogie du geste" est valorisée.

Cependant, ces avancées ne sont pas réparties de manière égale, créant des inégalités croissantes entre les régions, les villes et les campagnes, et entre les différentes couches sociales. La croissance est forte, mais elle ne bénéficie pas à tous, et les défis sociaux et environnementaux persistent. Ce scénario est le reflet d'une "dynamique" qui n'a pas été suffisamment inclusive, et d'une incapacité à gérer les "boucles de rétroaction" qui peuvent exacerber les inégalités. C'est une illustration de la "vitesse compatible" qui n'a pas été suffisamment attentive à la "dignité" de tous les citoyens.

Ces scénarios ne sont pas des destins inéluctables, mais des outils pour la réflexion et l'action. Ils soulignent l'importance des choix politiques et des stratégies de développement qui seront mis en œuvre dans les prochaines décennies. L'Afrique a le potentiel de réaliser le scénario le plus optimiste, à condition de mobiliser ses forces vives, de renforcer ses institutions, d'investir dans le capital humain et de promouvoir une gouvernance transparente et redevable. C'est un chemin vers une "résilience créatrice", où le continent, loin d'être un objet, est un sujet pleinement acteur de son destin.

En conclusion, les scénarios prospectifs pour l'Afrique à l'horizon 2050 mettent en lumière la diversité des trajectoires possibles. Ils rappellent que l'avenir n'est pas écrit d'avance, mais qu'il est le fruit de nos choix et de nos actions. En adoptant une approche systémique, en intégrant les principes de la pensée complexe et de la mécanique du changement, il est possible d'orchestrer une transformation qui soit à la fois rapide, inclusive et durable. Il s'agit de passer d'une mécanique du changement subie à une dynamique du changement choisie et maîtrisée, où l'Afrique est un acteur à part entière de sa propre transformation, capable de définir ses propres priorités et de construire son propre avenir. C'est un chemin vers une "vitesse compatible", où l'accélération du changement est progressive, respectueuse des rythmes sociaux et culturels, pour éviter les ruptures et garantir une transformation durable. C'est la promesse d'une Afrique qui non seulement rattrape son retard, mais qui innove et inspire le monde par sa capacité à transformer les défis en opportunités.

Chapitre 14 – Réformes stratégiques incontournables

Pour concrétiser le scénario d'accélération maîtrisée et éviter les pièges de l'inertie ou de la rupture non inclusive, des réformes stratégiques sont incontournables. Ces réformes doivent être mises en œuvre de manière séquencée, en tenant compte des capacités d'absorption et des priorités. Elles sont regroupées ici en trois vagues, chacune avec des objectifs spécifiques et un horizon temporel défini.

Pour que l'Afrique puisse réaliser son plein potentiel et naviguer avec succès les défis du 21e siècle, des réformes stratégiques sont non seulement souhaitables, mais incontournables. Ces réformes ne sont pas de simples ajustements ; elles sont des leviers puissants qui, tels des engrenages bien huilés, peuvent accélérer la mécanique du changement. Il ne s'agit pas de plaquer des solutions toutes faites, mais de concevoir des interventions qui, en s'appuyant sur les principes de la pensée complexe et de la mécanique du changement, génèrent des boucles de rétroaction positives et transforment l'inertie en dynamique. Comment identifier ces réformes clés et s'assurer de leur mise en œuvre efficace, en tenant compte des spécificités de chaque contexte ? C'est la question qui nous anime dans ce chapitre.

Vague 1 (12–18 mois) :

Cette première vague vise à créer un environnement plus favorable à l'activité économique et à lancer les premières initiatives structurantes :

Simplification administrative pour TPE/coopératives : Réduire la bureaucratie et les délais pour la création et la gestion des très petites entreprises (TPE) et des coopératives. Cela inclut la mise en place de guichets uniques et la numérisation des procédures.

Lancement d'ateliers-écoles CORPS dans 5–7 métiers pivot : Déployer la Méthode CORPS dans des secteurs clés de l'économie, en ciblant des métiers à fort potentiel d'emploi et de valeur ajoutée. Ces ateliers-écoles serviront de modèles et de centres de formation pour les formateurs.

Guichet de qualité et de certification rapide : Faciliter l'accès des produits et services locaux aux standards de qualité nationaux et internationaux. Un processus de certification rapide et abordable est essentiel pour renforcer la compétitivité.

Programmes de mentorat diaspora–territoires : Mettre en place des initiatives structurées pour connecter les membres de la diaspora avec les entrepreneurs et les communautés locales, favorisant le transfert de compétences et l'investissement.

Vague 2 (2–3 ans) :

La deuxième vague consolide les acquis de la première et approfondit les réformes pour une transformation plus systémique :

Reconnaissance des acquis de l'expérience et micro-certifications : Développer des dispositifs permettant de valider les compétences acquises de manière informelle ou non formelle, et de délivrer des micro-certifications qui facilitent l'insertion professionnelle et la mobilité.

Clusters territoriaux avec équipements partagés et services communs : Renforcer les écosystèmes locaux en encourageant la création de clusters où les entreprises partagent des équipements, des infrastructures et des services (logistique, marketing, formation).

Réforme de l'éducation et de la formation professionnelle : C'est le socle de tout développement humain et économique. La réforme doit viser à aligner les curricula sur les besoins du marché du travail, à promouvoir l'apprentissage par la pratique (notamment via la Méthode CORPS), à développer les compétences numériques et à renforcer l'employabilité des jeunes. Il s'agit de passer d'un système éducatif qui forme des diplômés au chômage à un système qui produit des compétences directement employables. L'anecdote d'un centre de formation professionnelle qui, en intégrant la Méthode CORPS, a vu le taux d'insertion de ses diplômés passer de 30% à 80% en deux ans, illustre la puissance de cette réforme. C'est une question de "pédagogie du geste" : le développement des compétences pratiques et l'apprentissage par la pratique sont essentiels pour garantir un changement inclusif. C'est aussi une manière de renforcer la "dignité" des métiers manuels et techniques, en valorisant le savoir-faire et l'intelligence.

Modernisation de l'administration publique et gouvernance : Une administration publique efficace, transparente et redevable est la clé d'une bonne gouvernance. Les réformes doivent viser à simplifier les procédures, à numériser les services, à lutter contre la corruption et à renforcer les capacités des fonctionnaires. Il s'agit de passer d'une administration bureaucratique et rigide à une administration agile et orientée vers le service public. C'est une question de "méta-mécanique"

: l'art de gérer la complexité des interactions entre les acteurs, les institutions et les technologies, de faire dialoguer les intérêts nationaux et internationaux pour atteindre un objectif commun. C'est aussi une manière de renforcer la "stabilité vivante" du système, en assurant un équilibre entre l'innovation et la sécurité.

Développement des infrastructures stratégiques : L'investissement dans les infrastructures de transport, d'énergie et de communication est essentiel pour stimuler la croissance économique et l'intégration régionale. Les réformes doivent viser à attirer les investissements privés, à promouvoir les partenariats public-privé et à garantir une gestion efficace des projets. C'est une question de "masse" : la lourdeur des investissements nécessaires est considérable, mais l'accélération du développement en dépend. L'exemple d'un pays africain qui, en développant son réseau routier, a pu réduire les coûts de transport et faciliter l'accès aux marchés pour les producteurs locaux, illustre l'impact de ces infrastructures.

Soutien à l'entrepreneuriat et à l'innovation : L'entrepreneuriat est le moteur de la création de richesse et d'emplois. Les réformes doivent viser à faciliter la création d'entreprises, à promouvoir l'accès au financement, à développer les écosystèmes d'innovation et à valoriser les savoirs endogènes. Il s'agit de passer d'une économie de subsistance à une économie de l'innovation. C'est une question de "résilience créatrice" : la capacité des sociétés africaines à non seulement résister aux chocs, mais à en tirer parti pour inventer de nouvelles formes sociales, économiques et artistiques. C'est une manière de questionner la notion de "progrès" : est-il toujours linéaire ? Qu'est ce qu'un "développement réussi" ? Est-ce uniquement mesuré par le PIB ou par la capacité d'une société à être en harmonie avec elle-même et son environnement ? La réponse réside peut-être dans cette capacité à se réinventer constamment, à puiser dans ses propres ressources pour construire un avenir qui lui ressemble.

Intégration régionale et commerce intra-africain : L'intégration régionale est un levier puissant pour stimuler la croissance économique et renforcer la position de l'Afrique sur la scène mondiale. Les réformes doivent viser à harmoniser les réglementations, à réduire les barrières douanières, à faciliter la libre circulation des personnes et des capitaux, et à promouvoir le commerce intra-africain. C'est une question de "dynamique" : créer les conditions d'une circulation fluide et rapide des flux. L'anecdote d'un entrepreneur qui, grâce à la suppression des barrières douanières, a pu exporter ses produits vers les pays voisins et doubler son chiffre d'affaires, illustre l'impact de l'intégration régionale.

Vague 3 (5-7 ans) :

La troisième vague vise à consolider les acquis et à inscrire le changement dans la durée, avec des réformes plus profondes et structurelles :

Réforme foncière et sécurisation des droits de propriété : Une réforme foncière juste et transparente est essentielle pour stimuler l'investissement agricole, sécuriser les droits des populations et prévenir les conflits. La sécurisation des droits de propriété est un facteur clé pour attirer les investissements et encourager l'entrepreneuriat.

Développement de filières industrielles stratégiques : Identifier et soutenir le développement de filières industrielles à fort potentiel de croissance et de création d'emplois, en favorisant l'intégration verticale et horizontale des chaînes de valeur.

Mise en place de fonds souverains d'investissement : Créer des fonds souverains alimentés par les revenus des ressources naturelles ou d'autres sources, pour investir dans des projets stratégiques à long terme et diversifier l'économie.

Renforcement de la recherche et développement (R&D) : Investir massivement dans la R&D pour stimuler l'innovation, développer des solutions adaptées aux défis africains et renforcer la compétitivité du continent sur la scène mondiale.

Feuille de route CORPS :

La Feuille de route CORPS est un outil stratégique pour la mise en œuvre des réformes. Elle se décline en trois phases : Diagnostic partagé (identification des défis et des opportunités), Co-construction des solutions (élaboration de plans d'action concrets avec les acteurs locaux) et Mise en œuvre adaptative (pilotage, mesure et ajustement des actions). Cette approche itérative et participative garantit que les réformes sont adaptées aux réalités du terrain et qu'elles génèrent des résultats durables. C'est une illustration de la "pensée complexe" : un succès isolé n'est pas suffisant ; il faut comprendre les interconnexions et les boucles de rétroaction pour que le changement se propage et s'enracine. C'est aussi une manière de renforcer la "vitesse compatible" : l'accélération du changement est progressive, respectueuse des rythmes sociaux et culturels, pour éviter les ruptures et garantir une transformation durable.

En conclusion, les réformes stratégiques sont essentielles pour libérer le potentiel de l'Afrique et accélérer son développement. En adoptant une approche systémique, en intégrant les principes de la pensée complexe et de la mécanique du changement, il est possible d'orchestrer une transformation qui soit à la fois rapide, inclusive et durable. Il s'agit de passer d'une mécanique du changement subie à une dynamique du changement choisie et maîtrisée, où l'Afrique est un acteur à part entière de la scène mondiale, capable de définir ses propres priorités et de construire son propre avenir. C'est un chemin vers une "vitesse compatible", où l'accélération du changement est progressive, respectueuse des rythmes sociaux et culturels, pour éviter les ruptures et garantir une transformation durable. C'est la promesse d'une Afrique qui non seulement rattrape son retard, mais qui innove et inspire le monde par sa capacité à transformer les défis en opportunités.

Chapitre 15 –De la mécanique à la dynamique du changement africain

Au terme de cette exploration de « La Mécanique du Changement Africain », il apparaît clairement que le continent est à un carrefour de son histoire. Loin d'être une entité monolithique, l'Afrique est un ensemble de nations diverses, riches de leurs héritages, confrontées à des défis complexes mais porteuses d'un potentiel immense. L'ambition de cet ouvrage était de proposer une grille de lecture et des leviers d'action pour transformer l'inertie en dynamique, en s'appuyant sur une pensée systémique et une pédagogie du geste.

Nous voici au terme de notre voyage au cœur de la mécanique du changement africain, un périple qui nous a menés des héritages historiques aux horizons prospectifs de 2050. Ce n'est pas une fin en soi, mais plutôt un nouveau départ, une invitation à transformer la compréhension en action, la mécanique en dynamique. Le continent africain, loin d'être un simple objet passif des forces mondiales, est un sujet actif, un acteur conscient de sa propre valeur, capable de définir sa propre trajectoire. Il ne s'agit plus de subir le changement, mais de l'orchestrer, de le façonner à l'image de ses peuples, avec leur sagesse ancestrale et leur ingéniosité contemporaine.

Notre exploration a révélé que la mécanique du changement en Afrique est une danse complexe entre la statique des structures profondes et la dynamique des forces motrices. L'inertie, souvent perçue comme un frein, est en réalité une réserve d'énergie potentielle, une force à comprendre et à canaliser. Le moment cinétique nous a montré comment la mobilisation d'une masse critique d'acteurs, combinée à une vitesse de changement appropriée, peut générer une impulsion irréversible. La plasticité des sociétés africaines, leur capacité à se déformer sans se rompre, est une ressource inestimable. Enfin, la méta-mécanique représente l'art de la gouvernance, la capacité à orchestrer ces forces complexes pour atteindre un objectif commun, en gérant les tensions et en optimisant les interactions. Ces métaphores mécaniques, loin d'être de simples figures de style, sont des grilles d'analyse heuristiques qui nous permettent de saisir la complexité du réel africain.

Au cœur de cette mécanique se trouve la pensée complexe d'Edgar Morin, une boussole indispensable pour naviguer dans l'incertitude et la multi-dimensionnalisé. Le développement africain n'est pas un problème simple à résoudre, mais un défi complexe à embrasser. Les "boucles de rétroaction" qui caractérisent les systèmes sociaux africains ne sont pas des anomalies, mais des dynamiques intrinsèques qui, si elles sont comprises, peuvent être orientées vers des trajectoires positives. Le concept de "sujet-objet" nous rappelle que l'Afrique n'est pas un continent à développer, mais un continent qui se développe, par ses propres forces, avec ses propres solutions. C'est une invitation à l'humilité et à la reconnaissance de l'intelligence collective qui émane des communautés africaines.

La pédagogie du geste, incarnée par la Méthode CORPS, est le fil d'Ariane qui relie la théorie à la pratique, la pensée à l'action. Elle valorise la dignité des métiers manuels et techniques, cette philosophie du travail où le geste, le savoir-faire et la relation à la matière sont constitutifs de l'identité et de la dignité humaine. En renforçant les compétences pratiques, en favorisant l'apprentissage par l'expérience, la Méthode CORPS permet de transformer l'inertie en un puissant levier de progrès, de convertir la plasticité sociale en une résilience créatrice. C'est une approche qui va au-delà de la simple transmission de savoirs ; elle forme des professionnels conscients, responsables et compétents, capables de s'adapter aux défis du 21e siècle.

Les trois idées-forces – Stabilité vivante, Vitesse compatible et Pédagogie du geste – sont les principes directeurs de cette vision. La Stabilité vivante nous invite à rechercher un équilibre dynamique, où le changement est constant mais maîtrisé, où l'agilité est la norme. La Vitesse compatible nous rappelle que l'accélération doit être progressive, respectueuse des rythmes sociaux et culturels, pour éviter les ruptures et garantir une transformation durable. La Pédagogie du geste est le fondement d'un développement ancré dans la réalité, qui valorise le savoir-faire pratique et l'intelligence du corps. En combinant ces principes, l'Afrique peut construire un modèle de développement unique, qui intègre ses spécificités et ses atouts, et qui lui permettra de prendre toute sa place sur la scène mondiale.

Alors, quelle est la prochaine étape ? Le manuscrit que vous tenez entre les mains n'est pas une conclusion, mais un point de départ. Il est une feuille de route, une invitation à l'action. Il s'adresse aux décideurs politiques, aux entrepreneurs, aux éducateurs, aux leaders communautaires et aux partenaires au développement. L'objectif est de les outiller pour qu'ils puissent former des coalitions d'acteurs capables d'orchestrer une transformation inclusive et durable. Une transformation qui ne laisse personne de côté, qui valorise les savoirs locaux, qui intègre les innovations technologiques et qui construit un avenir prospère pour le continent. Il s'agit de passer d'une vision fragmentée à une approche intégrée, où chaque action contribue à un objectif commun : libérer le potentiel immense de l'Afrique et de ses populations.

L'Afrique est à un carrefour de son histoire. Les défis sont immenses, mais les opportunités le sont tout autant. Le continent est jeune, dynamique, riche de ses ressources humaines et naturelles. Il est temps de briser les chaînes des préjugés, de dépasser les analyses simplificatrices et d'embrasser la complexité de sa réalité. Il est temps de faire confiance à l'ingéniosité africaine, à sa capacité à innover, à sa résilience créatrice. Il est temps de construire une mécanique du changement qui soit à la fois robuste et flexible, capable de propulser le continent vers un avenir de prospérité partagée et de développement durable.

Ce manuscrit est un appel à l'action, un plaidoyer pour une Afrique qui prend son destin en main, qui construit son propre chemin, qui inspire le monde par sa capacité à transformer les défis en opportunités. C'est un chemin vers une "vitesse compatible", où l'accélération du changement est progressive, respectueuse des rythmes sociaux et culturels, pour éviter les ruptures et garantir une transformation durable. C'est la promesse d'une Afrique qui non seulement rattrape son retard, mais qui innove et inspire le monde par sa capacité à transformer les défis en opportunités.

CONCLUSION

Face aux défis multiples et aux potentiels inexplorés du continent africain, La Mécanique du Changement Africain propose bien plus qu'un diagnostic : il trace un chemin d'avenir, fondé sur la valorisation du geste, la transmission du savoir-faire et l'intelligence collective. La Méthode CORPS constitue un outil innovant et opérationnel, capable non seulement de restaurer la dignité des métiers techniques et manuels, mais surtout de relier la formation professionnelle à la résilience et à la compétitivité des territoires africains.

L'EFTP doit devenir le cœur battant des stratégies de transformation. C'est par le geste maîtrisé, la pratique concrète et la reconnaissance des savoirs locaux que les jeunes, les femmes, les artisans et les entrepreneurs pourront s'adapter, innover et bâtir une économie inclusive et durable. Vulgariser la Méthode CORPS, c'est offrir à chaque acteur les clés pour devenir un moteur du changement, mais aussi pour garantir l'employabilité et la mobilité dont le continent a tant besoin.

En s'appuyant sur la pensée systémique, ce livre invite à dépasser l'agir en silos pour embrasser la complexité et la multi-dimensionnalité du développement africain. Les réformes, l'innovation, la gouvernance, l'intégration régionale ou l'éducation ne doivent plus être envisagés séparément, mais comme les rouages dune mécanique harmonieuse, où chaque ajustement produit des effets durables sur l'ensemble du système. La dynamique du changement, ainsi pensée, transforme chaque inertie en énergie, chaque contrainte en opportunité, chaque tradition en ressource pour l'avenir.

Il s'agit désormais de diffuser, d'expérimenter et de valoriser la Méthode CORPS à large échelle : dans les centres de formation, les ateliers-écoles, les clusters d'innovation, les campagnes de sensibilisation et les politiques publiques. Cette démarche exige l'implication des décideurs, des éducateurs, des entrepreneurs, des maîtres artisans et de la jeunesse africaine. Elle appelle aussi les partenaires au développement à soutenir une approche contextualisée, respectueuse des rythmes de transformation sociale.

L'Afrique ne se développe pas par imitation, mais par invention : par l'audace de donner au geste sa pleine valeur, par l'engagement à former pour transformer, par la capacité collective à penser systémique et agir avec discernement. Vulgariser et promouvoir la Méthode CORPS, c'est ouvrir la voie à une génération de bâtisseurs, où chaque main devient levier, chaque savoir devient capital, chaque territoire devient incubateur de solutions pour l'avenir du continent.

« L'Afrique ne se répare pas, elle se réinvente... »

Chahine MAHFOUDH

Glossaire des concepts clés

Approche par compétences (APC) : Méthode pédagogique qui définit clairement les compétences que l'apprenant doit acquérir (savoirs, savoir-faire, savoir-être) plutôt que de se limiter aux contenus théoriques.

Boucle de rétroaction : Mécanisme par lequel les effets d'une action influencent à leur tour la cause initiale. Exemple : une réforme éducative modifie l'emploi, ce qui oblige à réajuster la réforme.

Capital social : Réseau de relations, de confiance et de coopération au sein d'une société, qui facilite l'action collective et le développement.

Complexité (pensée complexe) : Concept popularisé par Edgar Morin : il s'agit de comprendre les phénomènes non comme isolés, mais comme des systèmes interconnectés, avec des effets imprévisibles.

Économie informelle : Activités économiques non enregistrées officiellement (petit commerce, artisanat, services de proximité). Elles échappent à l'impôt mais assurent l'essentiel de l'emploi en Afrique.

Inertie sociale : Résistance au changement dans une société. Loin d'être seulement un frein, elle peut être vue comme une énergie potentielle à mobiliser.

Intelligence kinesthésique : Forme d'intelligence décrite par Howard Gardner : capacité à apprendre et comprendre par le corps, le geste et le mouvement.

Méthode CORPS : Approche pédagogique basée sur cinq piliers : Compétences, Observation, Répétition, Pratique, Sensorialité. Elle valorise l'apprentissage par le geste et l'expérience.

Méta-mécanique (métaphore) : Utilisée pour désigner la gouvernance adaptative : l'art de coordonner des forces multiples et parfois contradictoires pour maintenir l'équilibre et avancer.

Moment cinétique (métaphore) : Capacité d'un groupe ou d'un mouvement à générer une impulsion durable lorsqu'il atteint une masse critique et une vitesse suffisante.

Plasticité sociale : Capacité d'une société à s'adapter, à se transformer sans se briser, en intégrant le nouveau tout en préservant son identité.

Résilience créatrice : Aptitude d'une société à non seulement résister aux crises, mais à inventer des solutions nouvelles à partir des contraintes.

Statique (métaphore) : En mécanique, la statique étudie les forces en équilibre. Dans le livre, elle sert de métaphore pour comprendre les équilibres fragiles des sociétés africaines.

Stabilité vivante : Idée que l'équilibre d'une société n'est jamais figé, mais maintenu en permanence par des ajustements et des rétroactions.

Vitesse compatible : Concept selon lequel le changement doit respecter la capacité d'absorption d'une société : aller trop vite peut créer des ruptures et des résistances.

Zone de développement proximal (ZDP) : Concept de Lev Vygotsky : c'est l'écart entre ce qu'un apprenant peut faire seul et ce qu'il peut réaliser avec l'aide d'autrui (enseignant, pair, mentor).

Et si l'Afrique avait toutes les clés de sa transformation ?

Face à l'accélération technologique mondiale, le continent africain se trouve à un carrefour historique. Entre traditions vivaces et modernité numérique, entre économie informelle dynamique et structures formelles émergentes, comment orchestrer un changement qui respecte les identités tout en libérant les potentiels ?

Ce que vous découvrirez :

- ✓ *La Méthode CORPS : une pédagogie innovante qui valorise l'intelligence de la main et restaure la dignité des métiers techniques*
- ✓ *Les concepts-clés de la mécanique sociale africaine*
- ✓ *Les conditions d'un changement durable et inclusif*
- ✓ *Les scénarios prospectifs pour l'Afrique à l'horizon 2050*
- ✓ *Une feuille de route pratique de réformes stratégiques*